浙江省普通高校"十三五"新形态教材

高等职业教育建筑产业化系列教材

装配式混凝土建筑构造

（第二版）

钟振宇　那丽岩　编著

科学出版社

北　京

内 容 简 介

　　预制装配式建筑技术是指建筑的部分或全部构件在构件预制工厂生产完成，然后通过相应的运输方式运到施工现场，在施工现场经装配、连接而成的新兴的绿色环保节能型建筑技术，也是目前国家主推的建造技术。

　　本书共分为5章：第1章对装配式建筑的概念、特点和发展历程进行概述，并给出学习建议；第2章全面介绍装配式建筑的类型和国内主流厂商；第3章详细描述组成装配式建筑梁柱板等主要受力构件的构造；第4章包含装配式建筑预制楼梯、预制阳台、保温层、整体卫浴等附属构件构造的内容；第5章重点叙述三个装配式建筑案例。

　　本书深入浅出，系统全面，配备了实训项目、习题、图片、视频等教学资源，适合作为高校装配式建筑专业相关课程教材，也可作为工程技术人员工作参考用书。

图书在版编目（CIP）数据

装配式混凝土建筑构造 / 钟振宇，那丽岩编著.—2版.—北京：科学出版社，2024.2

（浙江省普通高校"十三五"新形态教材·高等职业教育建筑产业化系列教材）

ISBN 978-7-03-070206-7

Ⅰ.①装…　Ⅱ.①钟…　②那…　Ⅲ.①装配式混凝土结构－建筑构造－高等职业教育－教材　Ⅳ.①TU37

中国版本图书馆CIP数据核字（2021）第214979号

责任编辑：万瑞达/责任校对：赵丽杰
责任印制：吕春珉/封面设计：曹　来

*科学出版社*出版
北京东黄城根北街16号
邮政编码：100717
http://www.sciencep.com

三河市骏杰印刷有限公司印刷
科学出版社发行　　各地新华书店经销
*

2018年2月第 一 版　　开本：787×1092　1/16
2024年2月第 二 版　　印张：11
2024年2月第八次印刷　　字数：264 000
定价：55.00元
（如有印装质量问题，我社负责调换〈骏杰〉）
销售部电话 010-62136230　编辑部电话 010-62132124（VA03）

本书第一版于 2018 年正式印刷，使用已超过五年，这期间装配式混凝土建筑迅速发展，沿海地区 PC（precast concrete，预制混凝土）工厂数量成倍增长，仅 2019 年全国新建装配式混凝土建筑面积约 4.18 亿 m^2，同比增长 44.64%，新建装配式混凝土建筑面积占新建建筑面积的比例约 13.4%。很多地区制定了装配式建筑地方标准，这表明装配式混凝土建筑技术已经日趋走向成熟。

党的二十大报告指出，"实施产业基础再造工程和重大技术装备攻关工程，支持专精特新企业发展，推动制造业高端化、智能化、绿色化发展。"为应对行业发展的日益变化和职业教育课程改革的新要求，本书第二版主要在以下几个方面进行了修订。

1）以二十大精神构建课程思政内容。根据立德树人的根本要求，专业课融入思政元素以达到育人授业的目的，引导学生"怀抱梦想又脚踏实地，敢想敢为又善作善成"。本书在每章的教学目标中加入了素养目标，将爱国主义教育、吃苦耐劳的劳动精神、精益求精的匠人情怀、绿色节能环保理念引入装配式混凝土建筑构造课程。为此我们在重点内容里也加入了思政案例。

2）修订与现行规范不一致的内容。近年来，装配式建筑领域的相关规范、标准变化比较快，因此在第二版中编者修正了一些与规范不一致的表述。

3）增加完整教学视频。在本次修订中，编写团队组织了第二次课程视频拍摄，涵盖了书中全部重要知识点，为线上线下混合式教学打下了基础。

4）修订教材中的一些错误。在具体的编排上仍旧按照第一版的结构进行排布，内容主要按结构体系—主要构件—附属构件—工程案例关系进行编写，力求符合教学规律和高职学生认知特点，在突出概念的同时，更加贴近于使用，增加学生对装配式建筑系统性和规律性的认知。为了提高学生的学习成效，我们在书中增加了教师录制的微课、课外阅读资料，可以提高学生的学习效率，拓展学生知识面。为了学习方便，课后我们设置了习题（第5章为建筑实例，不提供习题）供学生检验学习成效。

本课程建议学时为52课时，也可以和装配式混凝土建筑施工课程一起学习。本书内容已在中国大学慕课和智慧树两个平台开展线上课程（装配式混凝土建筑构造与施工），线上课程内容与书中内容相对应，读者可以两者结合进行在线学习。

为便于学习，本书编写团队录制了装配式混凝土建筑施工图识读的相关视频，这些内容是学习本课程的基础，读者可以通过扫描下方对应的二维码观看学习。

本书第一版受到了广大读者好评，也给编写人员反馈了有益的意见和建议，在此一并表示感谢。本书编写人员与第一版相同，第二版的出版得益于学校、出版社、企业的共同努力，对他们的付出均表感谢！

编　者

2022 年 9 月

| 装配式混凝土建筑施工图识读（一） | 装配式混凝土建筑施工图识读（二） | 装配式混凝土建筑施工图识读（三） | 装配式混凝土建筑施工图识读（四） | 装配式混凝土建筑施工图识读（五） |

最新案例表明,一栋 30 层的高楼,应用装配式建筑施工技术,投入 12 个工人,最快只需要 180 天就可以建成。此效率是惊人的,如果用传统建造方式,很难想象在 180 天建成 30 层的高楼。

"装配式建筑"正成为 2017 年建筑业最为热门的词汇,2017 年 3 月中华人民共和国住房和城乡建设部一连印发了《"十三五"装配式建筑行动方案》《装配式建筑示范城市管理办法》《装配式建筑产业基地管理办法》3 个通知,把装配式建筑推向了新的热度。目前,全国已有多个省市出台了针对装配式建筑及建筑产业现代化发展的指导意见和相关配套措施,很多省市更是对建筑产业化的发展提出了明确要求。国家层面提出的"到 2020 年装配式建筑占新建建筑的比例达到 15% 以上的目标",为装配式建筑的发展提供了政策支持。装配式建筑的发展,在为行业带来新气象的同时,也使建筑行业或将面临洗牌和重构。

职业教育培养的人才必须面对市场需求,作为人才培养院校更应该将学生培养成行业急需的人才,因此各高校开设装配式建筑系列课程已经提到了日程。目前我国装配式建筑还处于初期发展阶段,标准众多、厂商众多、市场鱼龙混杂,许多技术并不成熟,一些体系还有待于时间检验,这给编写教材带来了很多困难。但是一套合适的教材是建立课程标准的基础,也是建设课程资源的基础。为此,科学出版社协同高等院校、装配式建筑主流厂商、数字媒体企业等联合编写了装配式建筑系列教材,并配备了数字媒体资源,采用了最新 AR 技术,力求使本套教材系统全面、细节接地、深入浅出,方便学生全面掌握市场上主流装配式施工技术。

本书是装配建筑系列教材中的一本。本书分为 5 章,主要包括绪论、装配式混凝土建筑类型、装配式混凝土建筑基本构造、附属建筑构件构造和建筑实例等内容,尽可能涵盖现有主流装配式混凝土建筑体系。

为了方便教学，本书配有多媒体学习资源，课后附有习题，并配有实践项目，各学校可以根据实际情况选择。

本课程可以按照 52 学时安排教学。其中，理论教学 32 学时，推荐第 1 章 2 学时，第 2 章 6 学时，第 3 章 10 学时，第 4 章 8 学时，第 5 章 6 学时，教师可以按照实际情况灵活安排各模块教学内容；实践教学 20 学时共 5 个实践项目，每个实践项目 4 学时。

本书由浙江工业职业技术学院钟振宇和那丽岩担任主要编写任务，第 1 章由钟振宇编写，第 2 章由那丽岩编写，第 3 章由单奇峰和钟振宇编写，第 4 章由李邵洋和单奇峰编写，第 5 章由单豪良和钟振宇编写，全书由钟振宇统稿。

本书编写人员在两年多时间内收集了大量文献资料，特别是工程案例，还走访了全国范围内十多个工程项目，在此向相关作者、建筑企业等表示感谢。由于编者水平有限，本书难免存在不足和疏漏之处，恳请各位读者批评指正。

编　者

2017 年 7 月

目 录

第 1 章　绪论 ……………………………………………………………………… 1

　1.1　装配式混凝土建筑概述 ………………………………………………… 3

　　1.1.1　基本概念 …………………………………………………………… 3

　　1.1.2　主要特点 …………………………………………………………… 4

　　1.1.3　著名案例 …………………………………………………………… 6

　1.2　国内外装配式混凝土建筑发展概况 …………………………………… 7

　　1.2.1　国外发展概况 ……………………………………………………… 7

　　1.2.2　国内发展概况 ……………………………………………………… 9

　1.3　本课程主要内容 ………………………………………………………… 11

　1.4　本课程学习方法 ………………………………………………………… 11

　本章小结 ……………………………………………………………………… 12

　实践项目　装配式混凝土建筑视频观影 …………………………………… 12

　习题 …………………………………………………………………………… 13

第 2 章　装配式混凝土建筑类型 ……………………………………………… 15

　2.1　装配式混凝土建筑形式 ………………………………………………… 16

　　2.1.1　砌块建筑 …………………………………………………………… 17

　　2.1.2　板材建筑 …………………………………………………………… 18

　　2.1.3　盒式建筑 …………………………………………………………… 18

　　2.1.4　骨架板材建筑 ……………………………………………………… 20

　　2.1.5　升板和升层建筑 …………………………………………………… 20

　2.2　装配式混凝土建筑结构类型体系 ……………………………………… 22

　　2.2.1　概述 ………………………………………………………………… 22

　　2.2.2　装配整体式框架结构 ……………………………………………… 22

　　2.2.3　装配整体式剪力墙结构 …………………………………………… 29

　　2.2.4　装配整体式框架 – 剪力墙结构 …………………………………… 32

2.3 国内装配式混凝土建筑主流厂商 ·································· 36
　　2.3.1 远大住工 ··· 36
　　2.3.2 万科集团 ··· 38
　　2.3.3 宝业集团 ··· 38
　　2.3.4 润泰集团 ··· 39
　　2.3.5 上海浦凯 ··· 40
本章小结 ··· 41
实践项目　装配式混凝土建筑 VR 体验 ······························ 42
习题 ··· 42

第 3 章　装配式混凝土建筑基本构造 ······························ 45
3.1 预制构件的连接方式 ··· 46
　　3.1.1 钢筋套筒灌浆连接 ··· 46
　　3.1.2 浆锚搭接连接 ··· 50
　　3.1.3 后浇混凝土连接 ··· 52
　　3.1.4 螺栓连接 ··· 54
　　3.1.5 焊接连接 ··· 56
3.2 楼盖构造 ··· 56
　　3.2.1 概述 ··· 56
　　3.2.2 普通叠合楼板的拆分原则 ·································· 58
　　3.2.3 单向板与双向板 ··· 59
　　3.2.4 叠合楼盖（板）接缝构造 ·································· 59
　　3.2.5 叠合楼盖支座构造 ··· 61
　　3.2.6 其他构造规定 ··· 63
3.3 梁柱构造 ··· 65
　　3.3.1 概述 ··· 65
　　3.3.2 梁柱体系拆分方案 ··· 66
　　3.3.3 梁柱结构构造要求 ··· 71
3.4 装配整体式剪力墙构造 ··· 77
　　3.4.1 概述 ··· 77
　　3.4.2 装配整体式剪力墙结构类型 ······························ 77
　　3.4.3 预制剪力墙结构拆分设计原则 ··························· 80
　　3.4.4 预制剪力墙一般构造 ·· 80
　　3.4.5 双面叠合剪力墙构造 ·· 84
3.5 外挂墙板构造 ··· 88

3.5.1 概述 ·········· 88

3.5.2 外挂墙板拆分原则 ·········· 88

3.5.3 外挂墙板结构构造 ·········· 89

3.5.4 外挂墙板连接构造 ·········· 91

本章小结 ·········· 98

实践项目 框架梁柱节点施工图抄绘 ·········· 98

习题 ·········· 102

第 4 章 附属构件构造 ·········· 105

4.1 预制楼梯构造 ·········· 106

4.1.1 概述 ·········· 106

4.1.2 预制楼梯类型 ·········· 106

4.1.3 预制楼梯与支承构件的连接方式 ·········· 107

4.1.4 预制楼梯板面与板底纵向钢筋 ·········· 110

4.2 预制阳台构造 ·········· 112

4.2.1 预制阳台分类 ·········· 112

4.2.2 预制阳台构造要求 ·········· 113

4.2.3 预制阳台板连接构造 ·········· 114

4.3 保温隔热构造 ·········· 115

4.3.1 概述 ·········· 116

4.3.2 预制外墙板构造要求 ·········· 117

4.3.3 外墙板保温存在的问题 ·········· 121

4.3.4 内墙板构造 ·········· 122

4.4 整体卫浴间构造 ·········· 123

4.4.1 整体卫浴间功能的不同组合 ·········· 123

4.4.2 整体卫浴间优势 ·········· 126

4.4.3 整体卫浴间选择技术要求 ·········· 127

4.4.4 整体卫浴间构造要求 ·········· 129

本章小结 ·········· 133

实践项目 保温隔热墙板节点施工图抄绘 ·········· 133

习题 ·········· 134

第 5 章 装配式混凝土建筑实例 ·········· 136

5.1 上海周康航拓展基地 C-04-01 地块案例 ·········· 137

5.1.1 项目简介 ·········· 137

    5.1.2 技术特点 ·· 139

    5.1.3 科技创新 ·· 139

  5.2 沈阳南科大厦案例 ······································ 142

    5.2.1 项目简介 ·· 142

    5.2.2 技术特点 ·· 146

    5.2.3 科技创新 ·· 147

  5.3 上海万科翡翠滨江项目 ·································· 150

    5.3.1 项目简介 ·· 150

    5.3.2 技术特点 ·· 151

    5.3.3 科技创新 ·· 158

  本章小结 ·· 163

  实践项目 装配式混凝土建筑工地参观 ················ 163

习题参考答案 ·· 165

参考文献 ·· 166

第 **1** 章 绪 论

知识目标

1. 掌握装配式混凝土建筑基本概念。
2. 掌握装配式混凝土建筑发展概况。
3. 掌握本课程特点和学习方法。

能力目标

通过本章内容的学习能够对装配式建筑的发展进行叙述。

素养目标

1. 坚持守正创新精神。
2. 践行绿色环保理念。
3. 强化责任担当意识。

知识导引

　　装配式混凝土建筑是指通过工厂化生产的建筑部件，在施工现场通过组装和连接而成的混凝土结构建筑。使"造"房子就像"搭积木"一样。

　　据英国《每日邮报》报道，乐高集团总裁兼首席执行官约恩·维格·克努德斯托普（Jorgen Vig Knudstorp）于丹麦哥本哈根宣布乐高将进军装配式混凝土建筑领域。

　　克努德斯托普表示："乐高一直服务于人类精神领域，在玩具（图1.0.1）及影视行业取得成功后，我们认为乐高已经具备充足的条件进军真正的建筑业，我们将在丹麦及墨西哥搭建两个装配式建造工厂，将建筑业的全球标准与乐高玩具模块有机结合。乐高一直认为孩子是世界上最重要的人群，同样，我们制造的建筑也将优先服务于孩子。"

图1.0.1　乐高积木

目前，乐高已经联合哥本哈根大学和BIG设计事务所完成了乐高PC的研发和实践，并利用建筑信息模型（building information modeling，BIM）设计平台进行模块化生产、装配式施工，实现了房屋的积木化快速搭建。乐高在其装配式混凝土建筑中将尽量保留其玩具模块的外形，但建筑模块生产技术与原来的玩具生产体系无关。

乐高建筑模块墨西哥工厂于2016年初开始动工建设，工厂占地$3.15×10^5m^2$，相当于44个足球场大小（图1.0.2、图1.0.3）。厂区的办公楼是最早完工的建筑，外墙面和内部装修由乐高玩具组件拼接完成（图1.0.4、图1.0.5），结构体系及屋面由乐高混凝土预制件搭建完成。该建筑共使用了200多个乐高PC模块和330万个玩具模块。

图1.0.2　乐高玩具搭设的沙盘

图1.0.3　装配式混凝土建筑工地现场

图1.0.4　乐高建设厂区办公楼

图1.0.5　由积木组成的内装修

用乐高装配式混凝土建筑技术建造的位于丹麦的总部建筑LEGO House（乐高之家）于2017年2月完工，这是一组服务于全球乐高建筑的综合体建筑，由乐高设计师和BIG设计师共同设计完成（图1.0.6～图1.0.9）。图1.0.10和图1.0.11为某建筑积木酒店。

图1.0.6　LEGO House效果图

图1.0.7　LEGO House建造过程

图1.0.8 LEGO House建成实景

图1.0.9 LEGO House建筑细部

图1.0.10 建筑积木酒店

图1.0.11 酒店90%的元素是积木

1.1 装配式混凝土建筑概述

1.1.1 基本概念

简单地说，装配式混凝土建筑是指用预制的混凝土构件通过可靠连接方式建造的建筑。与搭乐高类似，装配式混凝土建筑将部分或所有构件在工厂预制完成，然后运到施工现场进行组装。"组装"不只是"搭"，预制构件运到施工现场后，会进行钢筋混凝土的搭接和浇筑，以保障房屋的安全性。这种"产业化""工业化"的建筑在欧美及日本已经广泛采用，近几年来在我国也得到了大力发展。

装配式混凝土建筑也称为PC建筑，PC是英文precast concrete的缩写，译为预制混凝土。与传统现浇混凝土建筑相比，装配式混凝土建筑是将建筑各个部件进行划分预制，再进行现场装配。图1.1.1为建筑物各个分拆部件。

装配式建筑概念
（教学视频）

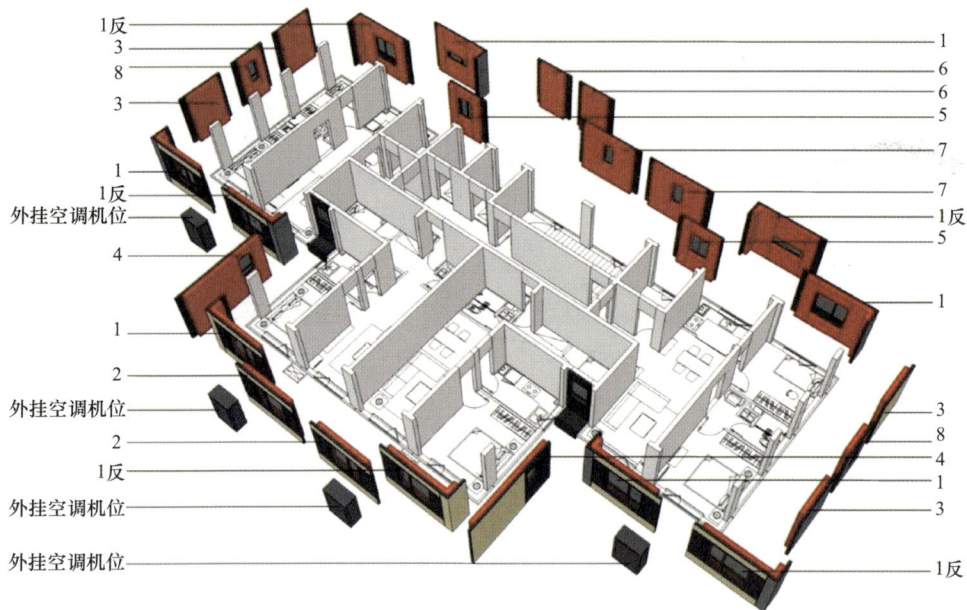

1—带窗转角外墙板；2—带大窗外墙板；3—未开孔外墙板；4—带小窗大外墙板；
5—带小窗转角外墙板；6—未开孔小外墙板；7、8—带窗小外墙板。

图1.1.1 建筑物各个分拆部件

装配式混凝土建筑在20世纪初就引起了人们的兴趣，20世纪20年代英国、法国、苏联等国首先进行了尝试。由于装配式混凝土建筑的建造速度快，而且生产成本较低，迅速在世界各地得到推广。

早期的装配式混凝土建筑外形比较呆板，千篇一律。后来人们在设计上做了改进，增加了灵活性和多样性，使装配式混凝土建筑不仅能够成批建造，而且样式丰富。

1.1.2 主要特点

在我国，装配式混凝土建筑近几年被重新提起有两方面原因。一是因为劳动力价格快速上升、建筑质量要求提高、绿色环保概念的普及；二是装配式混凝土建筑具有以下优势。

1. 有利于提高施工质量

装配式混凝土构件是在工厂里预制的，能最大限度地改善墙体开裂、渗漏等质量通病，提高住宅整体安全等级、防火性和耐久性。装配式整体卫浴和传统卫浴的对比如图1.1.2所示。

2. 有利于加快工程进度

装配式混凝土建筑比传统方式的施工进度快30%左右。PC构件在工厂预制，构件运输至施工现场后通过大型起重机械吊装就位。操

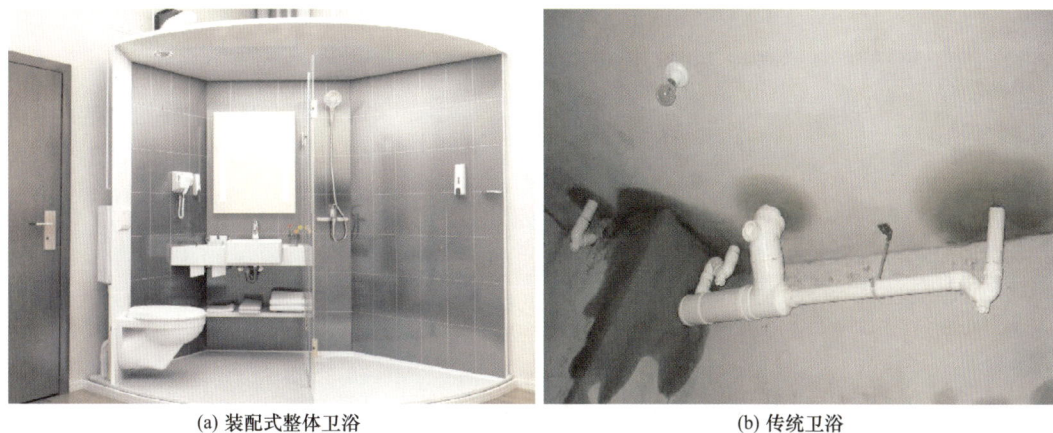

<table>
<tr><td>(a) 装配式整体卫浴</td><td>(b) 传统卫浴</td></tr>
</table>

图1.1.2 卫浴的对比

作工人只需进行扶板就位、临时固定等工作（图1.1.3），大幅降低了操作工人的劳动强度。

3. 有利于提高建筑品质

装配式混凝土建筑的构件在工厂预制，其环境因素可控，有利于保证产品质量，从而提升整体质量；特别是室内精装修工厂化以后，可提高经济效益及时间效益。

图1.1.3 现场装配

4. 有利于文明施工、安全管理

传统作业现场有大量的工人，现在把大部分工地作业移到预制工厂，现场只需留少量工人即可，大大减少现场安全事故发生率。

5. 有利于环境保护、节约资源

装配施工现场原始现浇作业较少，健康环保，不扰民。此外，钢模板等重复利用率提高，垃圾、损耗能减少一半以上，如图1.1.4所示。

<table>
<tr><td>(a) 装配式建筑工地</td><td>(b) 传统工地</td></tr>
</table>

图1.1.4 工地现场对比

图1.1.5　纽约帝国大厦

图1.1.6　迪拜帆船酒店

1.1.3　著名案例

装配式混凝土建筑世界各国流行较早，下面介绍其中几个著名工程。

1. 纽约帝国大厦

帝国大厦（图1.1.5）位于美国纽约市曼哈顿第五大道，由Shreeve，Lamb & Harmon公司的威廉·兰姆（William F. Lamb）负责建筑设计，项目建造历时410天（1930～1931年），曾为世界第一高楼，与自由女神像成为纽约地标建筑。帝国大厦主体结构采用预制装配式混凝土楼板、楼梯，外墙面采用了预制幕墙。

2. 迪拜帆船酒店

帆船酒店（图1.1.6）位于阿拉伯联合酋长国迪拜市海边人工小岛上，建筑师为英国人汤姆·赖特（Tom Wright），项目建造历时5年（1994～1999年）。其主要预制构件为预制混凝土楼板、预制混凝土楼梯、预制混凝土外墙，一部分外墙采用钢构架膜结构。

3. 芝加哥水之塔

水之塔（图1.1.7）位于芝加哥，是集酒店、公寓、办公室于一体的综合性大楼，由Studio Gang建筑事务所创办人珍妮·甘（Jeanne Gang）设计。水之塔共82层，面积$1.9 \times 10^6 \text{ft}^2$($1\text{ft}^2 = 0.092\,903\text{m}^2$)，其外墙由玻璃幕墙和水波型阳台组成。整个建筑采用预制混凝土构件较多，有楼板、楼梯、阳台等。

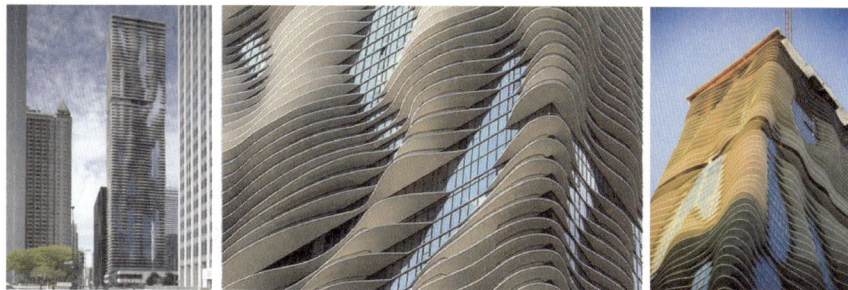

图1.1.7　芝加哥水之塔

4. 香港国际金融中心

香港国际金融中心（图1.1.8）位于中国香港中环金融街8号，为综合写字楼，地上88层，地下6层，总高415.8m，建筑面积43.6万m²，设计者为美国人西萨·佩里（Cesar Pelli）和中国香港建筑师严迅奇，二期项目建设历经3年（2000～2003年）。由于楼板采用预制混凝土楼板，可加快其建造速度，建设期间3天1层。

图1.1.8　香港国际金融中心

1.2　国内外装配式混凝土建筑发展概况

装配式建筑发展
历史与趋势
（教学视频）

1.2.1　国外发展概况

欧洲是装配式建筑的发源地，早在17世纪就开始了建筑工业化之路。建于1851年的英国伦敦水晶宫（图1.2.1）可以说是世界上第一座大型的装配式钢混结构建筑。1891年，法国巴黎Ed.Coigent公司首次在

Biarriz俱乐部建筑中使用装配式混凝土梁。

图1.2.1　英国伦敦水晶宫

第二次世界大战后，欧洲战后重建，由于劳动力资源短缺，特别是为了加快住宅建设的速度，陆续建造了各种类型的装配式混凝土建筑。到了20世纪60年代，这种建筑得到了大量推广，在住宅建设中的比例增加了18%～26%，而后随着住宅问题的解决而逐步下降。苏联是重视预制装配式混凝土建筑的国家，1959年预制装配式混凝土建筑占1.5%，1971年占37.8%，1980年上升到55%。

北美地区装配式混凝土建筑的发展主要以美国和加拿大为主，由于美国预制/预应力混凝土协会（Precast/Prestressed Concrete Institute，PCI）长期研究与推广装配式建筑，预制混凝土的相关标准规范也很完善，因此装配式混凝土建筑在美国的应用非常普遍。美国的装配式混凝土住宅起源于20世纪30年代，1976年美国国会通过了《国家工业化住宅建造及安全》法案，同年开始出台一系列严格的行业规范标准。1991年美国PCI在其年会上提出将装配式混凝土建筑的发展作为美国建筑业发展的契机，由此带来了装配式混凝土建筑在美国多年来长足的发展。目前，美国混凝土结构建筑中，装配式混凝土建筑的比例占35%左右，有专门生产单元式建筑的公司；在美国同一地点，相比用传统方式建造的同样房屋，只需花不到50%的费用就可以购买一栋装配式混凝土住宅。

北美的装配式建筑主要包括建筑预制外墙和结构预制构件两大系列。预制构件的共同特点是大型化和预应力相结合，可优化结构配筋和连接构造，减少制作和安装工作量，缩短施工工期，充分体现工业化、标准化和技术经济性特征。在20世纪，北美的装配式混凝土建筑主要用于低层非抗震设防地区。美国加利福尼亚州属地震多发区，美国非常重视抗震和中高层预制结构的工程应用技术研究。PCI出版了《预制/预应力混凝土结构抗震设计》（*Seismic Design of Precast/Prestressed Concrete Structures*，2006）一书，从理论和实践角度系统地分析了装配式建筑的抗震设计问题，总结了许多装配式结构抗震设计的最新科研成果，对指导装配式结构设计和工程应用推广具有很强的指导意义。

在亚洲，日本和韩国借鉴了欧美的成功经验，在探索装配式建筑的标准化设计施工基础上，结合自身要求，在装配式结构体系整体性抗震和隔震设计方面取得了突破性进展。日本装配式混凝土建筑的研究是从1955年日本住宅公团成立时开始的，并以住宅公团为中心展开。住宅公团的任务就是执行战后复兴基本国策，解决城市化过程中低收入人群的居住问题。20世纪60年代中期，日本装配式混凝土住宅有了长足发展，预制混凝土构配件生产形成独立行业，住宅部品化供应发展很快。1960年日本制定了装配式混凝土住宅五年计划，标志着作为体系建筑的装配式混凝土住宅起步。20世纪50年代后期至80年代后期，历时约30年，日本形成了若干种较为成熟的装配式混凝土住宅结构体系。到2001年，日本每年新竣工的装配式混凝土住宅约为$3 \times 10^7 m^2$。同时，日本的预制混凝土建筑体系设计、制作和施工的标准规范也很完善，目前使用的预制规范有《预制混凝土工程》（JASS10）和《混凝土幕墙》（JASS14）。

1.2.2　国内发展概况

我国从20世纪五六十年代开始研究装配式混凝土建筑的设计施工技术，借鉴苏联的经验，在全国建筑生产企业推行标准化、工厂化和机械化生产技术，发展预制构件和装配式混凝土建筑。较为典型的建筑体系有装配式单层工业厂房建筑体系、装配式多层框架建筑体系、装配式大板住宅建筑体系等。20世纪60年代初期～80年代中期，预制构件生产经历了研究、快速发展、使用、发展停滞等阶段，到20世纪80年代中期，装配式混凝土建筑的应用达到全盛时期，全国许多地方都形成了设计、制作和施工安装一体化的装配式混凝土建筑建造模式。装配式混凝土建筑和采用预制空心楼板的砌体建筑成为两种主要的建筑体系，应用普及率超过70%。20世纪80年代初期，建筑业开发了一系列新工艺，如大板、升板体系，南斯拉夫预应力板柱体系，预制装配式框架体系等。

但是，由于受当时经济条件和技术水平的限制，上述装配式混凝土建筑的功能和物理性能等逐渐显露出许多缺陷和不足，再加上我国有关装配式混凝土建筑的设计和施工技术的研发工作没有满足社会需求及技术的发展和变化，所以到20世纪80年代末期，装配式混凝土建筑体系逐渐停止发展。究其原因，主要有以下方面：

1）受设计概念的限制，结构体系追求全预制，尽量减少现场的湿作业量，会造成在建筑高度、建筑形式、建筑功能等方面有较大的局限。

2）受当时经济条件的制约，建筑机具设备和运输工具落后，运输道路狭窄，无法满足相应的工艺要求。

3）受当时材料和技术水平的限制，预制构件接缝和节点处理不当，引发渗、漏、裂、冷等建筑物理问题，影响正常使用。

4）施工监管不严，质量下降，造成节点构造处理不当，致使结构在地震中产生较多的破坏。例如，唐山大地震时，大量砖混结构遭到破坏，使人们对预制楼板的使用缺乏信心。

5）受缺乏高技能人才的限制，20世纪80年代初期，农村大量劳动者涌向城市，大量未经过专门技术训练的、价格低廉的农民工步入建筑业，从事劳动强度大、收入低的现场浇筑混凝土施工工作，使得有一定技术难度的装配式结构缺乏高技能的从业人员。

我国装配整体式混凝土结构还未得到广泛的推广，对于该结构体系与预制柱之间的连接、现浇梁和预制柱的节点连接、自承式钢筋桁架叠合板的理论研究非常少，装配整体式混凝土结构的设计规范尚需要完善。

行业动态

装配式建筑是实现建筑行业"碳达峰"和"碳中和"的途径

实现"碳达峰""碳中和"是一场硬仗。中国快装产业协会相关负责人表示：装配式建筑，特别是钢结构建筑具有资源可回收利用、更加安全、更加生态环保，而且施工周期短、抗震性能好等优势，日本和德国等国家做得比较好，很多地方都建有"住宅公园"，供消费者现场体验选购房型。在我国，2016年国务院就出台了加大力度积极推广、发展装配式建筑的相关文件。目前看来装配式建筑特别是钢结构建筑，是保障建筑业整体实现碳减排目标的必要手段和措施，为实现国家"碳达峰""碳中和"目标任务提供有效支撑。

装配式建筑行业可以从资源利用和减少排放两方面来支持国家"碳达峰""碳中和"目标的实现。提倡大力发展光伏和建筑一体化工程，将太阳能、风能、地热能等可再生资源都集成到建筑当中加以利用，创造更多资源，实现建筑环保；钢结构建筑减少碳排放的同时还减少了能源消耗，助推绿色建筑。

中信证券也指出，装配式建筑高效节能，全生命周期或降低碳排放超过40%，是实现建筑行业"碳达峰"和"碳中和"的重要技术路径，将得到政策持续支持。根据住房和城乡建设部新出台的成本细则，我们测算，随着装配式建筑占有率的提高带来生产成本的下降，叠加人工成本提升，装配率达50%的装配式混凝土建筑有望在2024年实现与现浇混凝土建筑成本持平，且后续成本优势将更加明显。

1.3 本课程主要内容

本课程是进一步学习装配式混凝土建筑施工课程的基础。同时，本课程需要"建筑构造"课程的基础，装配式混凝土建筑也是房屋建筑，而房屋建筑基础构造均在"建筑构造"课程中有所提及，因此本课程内容又与"建筑构造"课程不尽相同。本课程详细讲解了装配式混凝土建筑与一般现浇建筑的不同点，不再详述梁板结构的楼盖等，而是讲述不同于现浇楼盖的构件，如预制叠合梁的构造等。

1.4 本课程学习方法

有了"建筑构造"课程的基础，学习本课程并不困难，但要真正掌握其中的要点，还是要有一个正确的学习方法，以下三个学习要点供读者参考：

1）巩固先前课程知识。本课程内容不仅包括房屋建筑构造知识，还涉及建筑结构知识，因此学习本课程前建议先复习"房屋建筑构造"和"建筑结构"课程的相关内容。装配式混凝土建筑与现浇混凝土建筑本质是相同的，只是装配式混凝土建筑的构件在其运输过程中要注意受力变化，同时装配式混凝土建筑也要受抗震规范的约束，对其节点楼板处理有更高的要求。因此，学习本课程应更加注重与建筑构造和建筑结构课程要求相结合。

2）加强规范学习。本课程许多内容来自于实际工程项目，而实际装配式混凝土建筑构造千变万化，与装配式相关的国家和地方规范标准却是所有项目均要遵守的规定。本书对规范要求的地方会有特别标注，但限于国家标准和地方标准内容较多，许多内容需要读者自行学习。

3）多关注业内动态。课内学习仅是基础，装配式建筑是建筑业内的热点，其发展日新月异，不断有新的企业加入进来，也会有新的体系产生。本课程把现有的装配式混凝土建筑构造进行提炼，但不能一一列举所有构造做法。本书中穿插的二维码，对应了相关的视频及参考资料，读者可通过手机端扫描观看学习。

装配式混凝土建筑虽然是一个相对新的事物，但相关知识并不难学习。本书除了理论部分讲解外，还提供了一些实践模块，读者通过本课程的学习可以掌握相关知识，为今后的工作奠定基础。

学习参考

登录www.abook.cn网站，下载相关学习参考资料。

本章小结

装配式混凝土建筑是指用预制的混凝土构件通过可靠连接方式建造的建筑。装配式混凝土建筑建造相对于传统现浇混凝土建筑建造有许多优点，是我国建筑业走向工业化的重要过程。装配式混凝土建筑发展有较长历史，当代不少著名建筑均为装配式混凝土建筑。本书涵盖装配式混凝土建筑中各种构造措施，学习中要注重课内外的有机结合。

实践项目　装配式混凝土建筑视频观影

【实践目标】

1. 熟悉装配式混凝土建筑的优势与特点。
2. 了解装配式混凝土建筑施工过程。

【实践要求】

1. 复习建筑构造知识和本章内容。
2. 遵守教师教学安排。
3. 完成布置任务。

【实践资源】

1. 影视播放厅或多媒体教室。
2. 由老师提供4个以上装配式建筑相关视频。

【实践步骤】

1. 教师做实训布置。
2. 播放视频。

3．教师出题组织讨论，参考题目如下：

1）对装配式混凝土建筑的认识。

2）谈谈目前限制装配式混凝土建筑推广的因素。

3）装配式混凝土建筑在哪些部位进行构件分割较为合理？

4）从结构安全性来讲，装配式混凝土建筑的薄弱部位有哪些？为什么？

5）谈谈对本课程的认识和自己的兴趣点。

4．学生分组讨论。

5．各组派代表上台演讲。

6．教师总结。

【上交成果】

1500字左右的专题报告。

习 题

1．关于装配式混凝土建筑说法正确的有（　　）。

　A．装配式建筑就和搭积木一样将预制构件搭设成一栋建筑物

　B．凡是有预制构件的混凝土结构建筑都叫装配式混凝土建筑

　C．装配式混凝土建筑比现浇混凝土建筑更加节省施工时间

　D．发展装配式建筑是为了建造更加豪华的建筑

2．下列说法正确的是（　　）。

　A．装配式高层建筑都比较呆板

　B．装配式建筑不能完全解决传统建造方式普遍存在的"质量通病"

　C．装配式建筑的现场用人少，时间短，综合成本降低

　D．装配式建筑的一大变革是将农民工变成操作工人

3．装配式混凝土建筑工地与现浇混凝土建筑工地相比突出优点是（　　）。

　A．更加节省模板

　B．工地更加整洁，干净

　C．加快了施工进度

　D．不会出安全事故

4．装配式混凝土建筑发展的动力来自于（　　）。

　A．社会对住宅项目的急需

　B．劳动力成本日益增加

　C．技术的进步

　D．政府的推动

5. 20世纪80年代后我国装配式混凝土建筑发展停滞的原因是（　　）。

    A．生产工艺无法达到要求

    B．劳动力成本低

    C．运输道路狭窄

    D．资金缺乏

6. 装配式混凝土建筑急需解决（　　）。

    A．预制件连接问题

    B．预制件吊装问题

    C．预制件运输问题

    D．预制件生产问题

第2章 装配式混凝土建筑类型

教学PPT

知识目标

1. 掌握装配式混凝土建筑形式。
2. 掌握装配式混凝土建筑结构类型体系。
3. 了解国内主流厂商的技术特点和代表建筑。

能力目标

1. 能够按照装配率选择装配式混凝土建筑结构形式。
2. 通过装配式混凝土建筑虚拟现实（virtual reality，VR）技术观摩，能够叙述装配式混凝土建筑各种构造、类型连接、施工特点。

素养目标

1. 养成精益求精的工匠品质。
2. 了解建筑行业中的中国速度和中国精神。
3. 养成勇于探究思考的习惯。

知识导引

　　装配式混凝土建筑，即先用标准模板将房屋的柱、梁、楼板、墙体等建筑构件，在工厂里用机器成批量浇筑成型，再将预制好的"零件"运送到施工现场进行拼装。装配式混凝土建筑能够节约大量现场施工时间，大大加快了施工速度。

　　例如，中国远大集团在2011年用"搭积木"方式在湖南省岳阳市湘阴县建成一座30层的低碳建筑——T30酒店，酒店从开工到入住仅用48天，被称为"楼快快"。"楼快快"中93%的构件是在中国远大集团"可持续建筑"工厂内生产的，现场只需要像搭积木一样把这些部件装配好即可，现场施工量只占总用工量的7%，施工速度较快。

　　T30酒店还实现了9度抗震设防烈度，用钢量比常规建筑少10%～20%，现场混凝土使用量较常规建筑少80%～90%；实现5倍节能、20倍空气净化，建造成本比常规建筑低10%～30%；精装修，工地上无火、无水、无尘、无味，建筑垃圾不到常规建筑的1%；电梯上下产生的动能都可以用来发电，充分利用能源。T30酒店是低碳环保节能建筑（图2.0.1～图2.0.3）。

图2.0.1　T30酒店外观

图2.0.2　T30酒店内部

图2.0.3　T30酒店施工过程

装配式建筑形式
（教学视频）

2.1　装配式混凝土建筑形式

想一想

　　提到装配式建筑，大家比较熟悉的是钢结构建筑，事实上，随着近年来装配式混凝土建筑的发展，其形式表现多样化，大家能想出几种不同形式的装配式混凝土建筑呢？

2.1.1 砌块建筑

用预制的块状材料砌成墙体的装配式混凝土建筑称为砌块建筑，适于建造3～5层建筑，如提高砌块强度或配置钢筋，还可适当增加层数。砌块建筑适应性强，生产工艺简单，施工简便，造价较低，还可利用地方材料和工业废料。建筑砌块按照尺寸分为小型、中型、大型砌块（图2.1.1）：小型砌块适于人工搬运和砌筑，工业化程度较低，灵活方便，使用较广；中型砌块可用小型机械吊装，可节省砌筑劳动力；大型砌块（图略）现已被预制大型板材所代替。

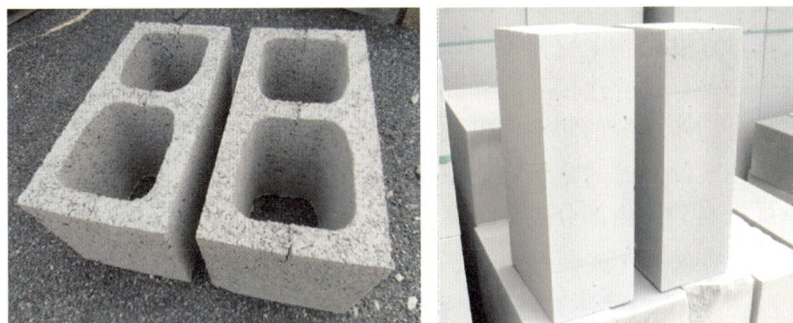

(a) 小型空心砖砌块   (b) 加气混凝土砌块（中型砌块）

图2.1.1 建筑砌块

建筑砌块有实心和空心两类，实心建筑砌块较多采用轻质材料制成。建筑砌块的接缝是保证砌体强度的重要环节，一般采用水泥砂浆砌筑，小型砌块还可以用干砌法（不用砂浆），可减少施工中的湿作业。有的建筑砌块表面经过处理，可作为清水墙（图2.1.2）。

(a) 礼堂   (b) 走廊

图2.1.2 建筑砌块清水墙

2.1.2　板材建筑

板材建筑由预制的大型内外墙板、楼板和屋面板等板材装配而成，又称大板建筑，它是工业化体系建筑中全装配式混凝土建筑的主要类型。某板材建筑建造过程如图2.1.3所示。板材建筑可以减小结构质量，提高劳动生产率，扩大建筑的使用面积和防震能力。板材建筑的内墙板多为钢筋混凝土实心板或空心板，外墙板多为带有保温层的钢筋混凝土复合板，也可用轻骨料混凝土、泡沫混凝土或大孔混凝土等制成带有外饰面的墙板。板材建筑内的设备常采用集中的室内管道配件或盒式卫生间等，以提高装配化的程度。板材建筑的关键问题是节点设计，在结构上应保证构件连接的整体性（板材之间的连接方法主要有焊接、螺栓连接和后浇混凝土整体连接）。在防水构造上要妥善解决外墙板接缝的防水，以及楼缝、角部的热工处理等问题。板材建筑的主要缺点是对建筑物造型和布局有较大的制约性，小开间横向承重的板材建筑内部分隔缺少灵活性（纵墙式、内柱式和大跨度楼板式的内部可灵活分隔）。

(a)预制墙板　　　　　　　　(b)楼板吊装　　　　　　　　(c)预制梁吊装

(d)施工现场　　　　　　　　(e)主体结构竣工　　　　　　　(f)项目竣工

图2.1.3　某板材建筑建造过程

2.1.3　盒式建筑

盒式建筑（图2.1.4和图2.1.5）是在板材建筑的基础上发展而来的一种装配式混凝土建筑。盒式建筑的工厂化程度高，现场安装快。盒式建筑不但可在工厂完成盒子的结构部分，而且内部装修和设备也可安装好，甚至可连家具、地毯等一概安装齐全，盒子吊装完成、接好管线后即可使用。盒式建筑的装配形式如下：

1）全盒式：完全由承重盒子重叠组成建筑。

2）板材盒式：将小开间的厨房、卫生间或楼梯间等做成承重盒子，再与墙板和楼板等组成建筑。

3）核心体盒式：以承重的卫生间盒子作为核心体，四周再用楼板、墙板或骨架组成建筑。

4）骨架盒式：用轻质材料制成的许多住宅单元或单间式盒子，支承在承重骨架上形成建筑；也有用轻质材料制成包括设备和管道的卫生间盒子，安置在其他结构形式的建筑内。

盒式建筑工业化程度较高，但投资大，运输不便，且需用重型吊装设备，因此发展受到限制。

(a) 盒子单元　　　　　　　　　　　　　　(b) 建成现场

图2.1.4　盒式单元

图2.1.5　盒式建筑安装

图2.1.6 骨架板材建筑

2.1.4 骨架板材建筑

骨架板材建筑（图2.1.6）由预制的骨架和板材组成。其承重结构一般有两种形式：一种是由柱、梁组成承重框架，再搁置楼板和非承重的内外墙板的框架结构体系；另一种是由柱子和楼板组成承重的板柱结构体系，内外墙板是非承重的。承重骨架一般多为重型的钢筋混凝土结构，也有采用钢和木做成骨架和板材组合，常用于轻型装配式混凝土建筑中。骨架板材建筑结构合理，可以减小建筑物的自重，内部分隔灵活，适用于多层和高层建筑。

钢筋混凝土框架结构体系的骨架板材建筑有全装配式、预制和现浇相结合的装配整体式两种。保证这类建筑的结构具有足够的刚度和整体性的关键是构件连接，即柱与基础、柱与梁、梁与梁、梁与板等的节点连接，节点连接方法应根据结构的需要和施工条件，通过计算进行设计和选择。节点连接的方法常见的有榫接法、焊接法、牛腿搁置法和留筋现浇成整体的叠合法等。

板柱结构体系的骨架是方形或接近方形的预制楼板同预制柱组合的结构系统。其楼板的四角支在预制柱上；也有的在楼板接缝处留槽，从柱子预留孔中穿钢筋，张拉后灌注混凝土。

2.1.5 升板和升层建筑

升板（图2.1.7）和升层建筑是骨架板材建筑中板柱结构体系的一种，但施工方法有所不同。这种建筑是在底层混凝土地面上重复浇筑各层楼板和屋面板，竖立预制钢筋混凝土柱，以柱为导杆，用放在柱上的液压千斤顶把楼板和屋面板提升到设计高度，加以固定的。外墙可用砖墙、砌块墙、预制外墙板、轻质组合墙板或幕墙等；也可在提升楼板时提升滑动模板，浇筑外墙。

升板建筑施工时，其大量操作在地面进行，减少了高空作业和垂直运输，节约模板和脚手架，并可减少施工现场面积。升板建筑多采用无梁楼板或双向密肋楼板，楼板同柱连接节点常采用后浇柱帽或承重销、剪力块等无柱帽节点。升板建筑一般柱距较大，楼板承载力也较强，多用于商场、仓库、工场和多层车库等。

升层建筑是在升板建筑每层的楼板还在地面时先安装好内外预制墙体，一起提升的建筑。升层建筑可以加快施工速度，比较适用于施工场地受限制的场所。

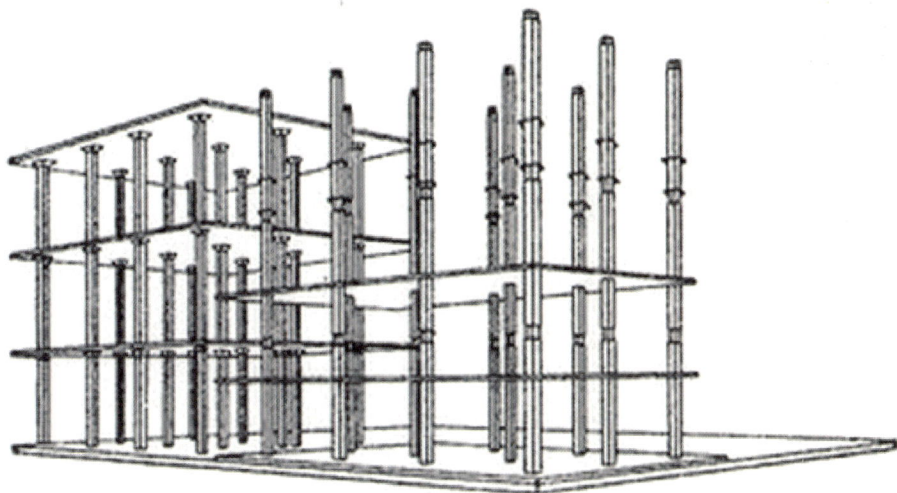

(a)

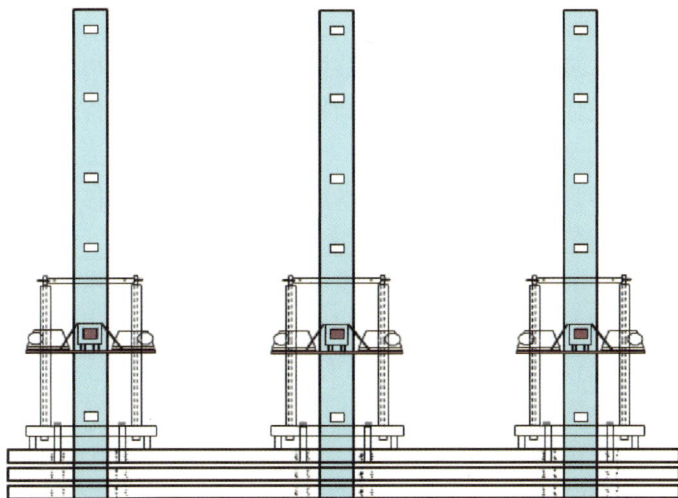

(b)

图2.1.7　升板法施工

行业人物

鲁班

　　鲁班，春秋时期鲁国人，生于周敬王十三年（公元前507年），卒于周贞定王二十五年（公元前444年），生活在春秋末期到战国初期，出身于世代工匠的家庭，从小就跟随家里人参与过许多土木建筑工程相关的劳动，逐渐掌握了生产劳动的技能，积累了丰富的实践经验。

　　木工师傅们用的手工工具，如钻、刨子、铲子、曲尺，画线用的墨斗，据说都是鲁班发明的。每一件工具的发明，都是鲁班在生产实践中得到启发，经过反复研究、试验的结果。

装配式混凝土建筑
结构类型体系
（教学视频）

2.2 装配式混凝土建筑结构类型体系

想一想

在"钢筋混凝土建筑结构"课程中，我们已经学习了现浇钢筋混凝土结构常见的结构体系，有框架结构、框架–剪力墙结构、剪力墙结构、筒体结构体系等。大家想一想，在装配式混凝土建筑结构中又有哪些结构体系呢？

2.2.1 概述

装配式混凝土建筑结构是由预制混凝土构件通过可靠的连接方式装配而成的混凝土建筑结构。全部由预制构件装配形成的混凝土结构称为全装配混凝土结构；由预制混凝土构件通过可靠的方式进行连接并与现场后浇混凝土、水泥基灌浆料形成整体的装配式混凝土结构，称为装配整体式混凝土结构。

装配式混凝土建筑建造是建筑物建造技术的一次升级。与通常的按建筑功能分类方法不同的是，装配式混凝土建筑结构不是按建筑功能进行分类，而是按其具有的典型预制技术进行分类。

根据结构形式和预制形式，又可将装配整体式混凝土建筑结构分为装配整体式框架结构、装配整体式剪力墙结构、装配整体式框架–剪力墙结构。

我国目前应用最多的装配式混凝土建筑结构体系是装配整体式剪力墙结构，装配整体式框架结构也有一定的应用，装配整体式框架–剪力墙结构应用较少。

2.2.2 装配整体式框架结构

框架结构中全部或部分框架梁、柱采用预制构件建成的装配整体式混凝土结构，简称装配整体式框架结构，见图2.2.1。

装配整体式框架结构一般由预制柱、预制梁、预制楼板、预制楼梯等结构构件组成。其结构传力路径明确，装配效率高，现浇湿作业少，是最适合进行预制装配化的结构形式。

装配整体式框架结构是常见的结构体系，多层级高层建筑多采用这种结构形式，其主要应用于空间要求较大的建筑，如商场、学校、医院等。其传力途径为楼板→梁→柱→基础→地基，结构传力合理，抗震性能好。装配整体式框架结构的主要受力构件梁、柱、楼板及非受力构件墙体、外装饰等均可预制。预制构件种类一般有全预制柱、全预制梁、叠合梁、预制板、叠合板、预制外挂墙板、全预制女儿墙等。全预制柱的竖向连接一般采用灌浆套筒逐根连接。美国洛杉矶某装配整体式框架结构住宅如图2.2.2所示。

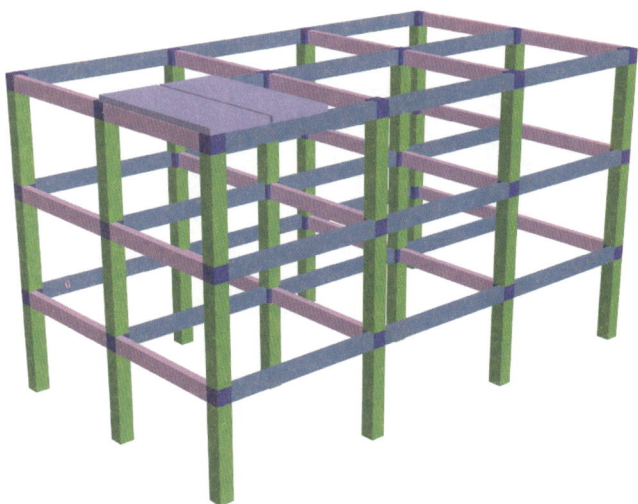

图2.2.1 装配整体式框架结构

图2.2.2 美国洛杉矶某装配整体式框架结构住宅

（框架结构，细柱厚板，外墙为预制墙板）

　　装配整体式框架结构的优点：建筑平面布置灵活，用户可以根据需求对内部空间进行调整；结构自重较小，计算理论比较成熟；构件比较容易实现模数化与标准化；可以根据具体情况确定预制方案，方便得到较高的预制率。

　　装配整体式框架结构的技术特点：预制构件标准化程度高，构件种类较少，单个构件质量较小，吊装方便，对现场起重设备的起重量要求低；各类构件质量差异较小，起重机械性能利用充分，技术经济合理性较高；建筑物拼装节点标准化程度高，有利于提高功效；钢筋连接及锚固可全部采用统一形式，机械化施工程度高，质量可靠，结构安全，现场环保等。

装配整体式框架结构的技术难点：节点钢筋密度大，要求加工精度高，操作难度较大。

装配整体式框架结构用于住宅结构时，通常会出现"凸梁凸柱"（图2.2.3）情况，若应用于住宅，则会减少实际可使用的室内建筑面积，因此装配整体式框架结构多用于办公楼、商场、学校等公共建筑，较少用于住宅建造设计。随着精装修住宅的推出，通过合理的室内布局与装饰可以弱化甚至消除"凸梁凸柱"的空间感，结合用户对户型可变的需求日益强烈，装配整体式框架结构也开始应用于住宅设计中。

图2.2.3 装配整体式框架结构的"凸梁凸柱"情况

装配整体式框架结构按连接方式分为两类：等同现浇结构（刚性连接）和不等同现浇结构（柔性连接）。

1. 等同现浇结构（刚性连接）

基于一维构件（图2.2.4和图2.2.5）：将梁、柱预制成一维构件，通过一定的方法连接而成。通常预制构件端部伸出的预留钢筋焊接或用钢套筒连接，然后现场浇筑混凝土。这种连接方式构件生产及施工方便，结构整体性较好，可做到等同现浇结构；但是接缝位于受力关键部位，连接要求高。

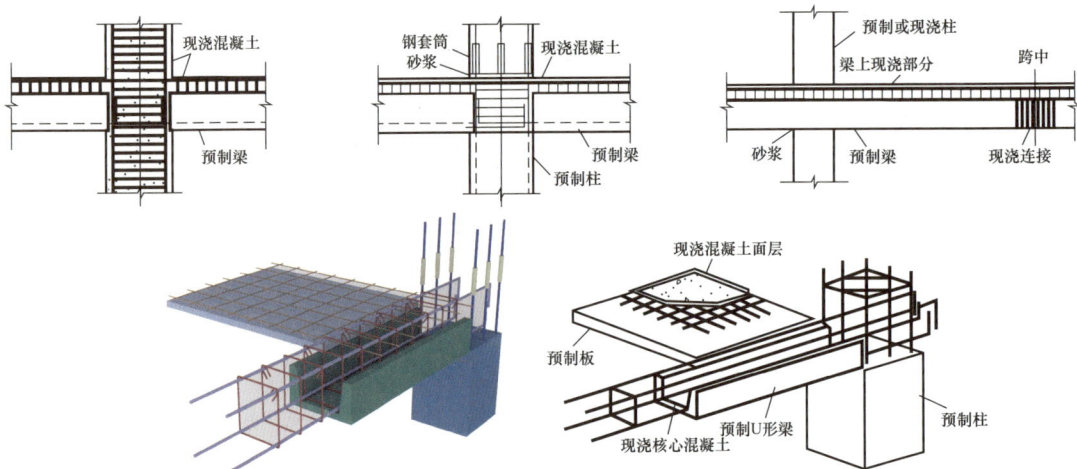

图2.2.4 基于一维构件的刚性连接节点

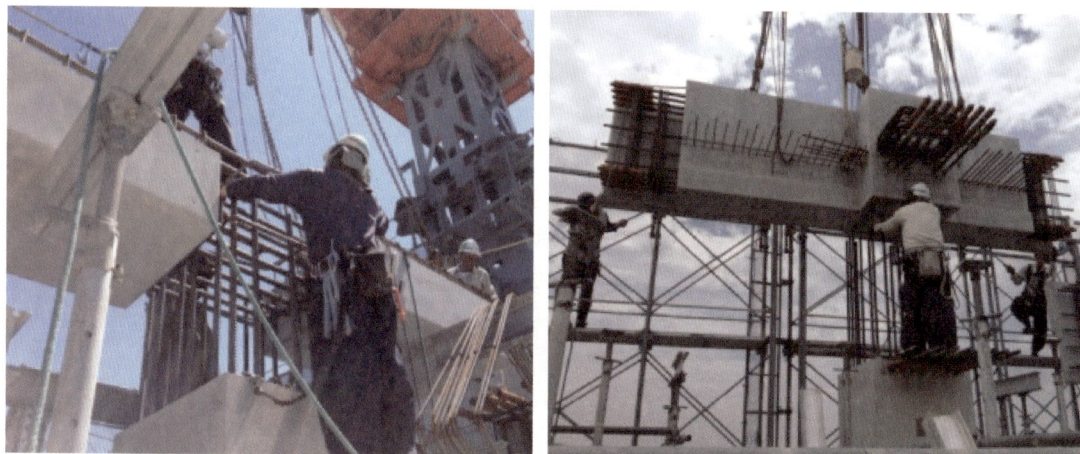

(a) 楼梁柱节点钢筋施工　　　　　　　　(b) 一维构件吊装

图2.2.5　基于一维构件的刚性连接施工

基于二维构件（图2.2.6和图2.2.7）：采用平面T形和"十"字形构件通过一定的方法连接。这种连接方式节点性能较好，接头位于受力较小部分，但是生产、运输、堆放以及安装施工不方便。

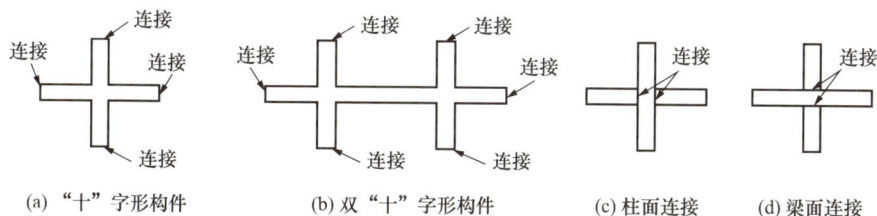

(a) "十"字形构件　　　(b) 双"十"字形构件　　　(c) 柱面连接　　　(d) 梁面连接

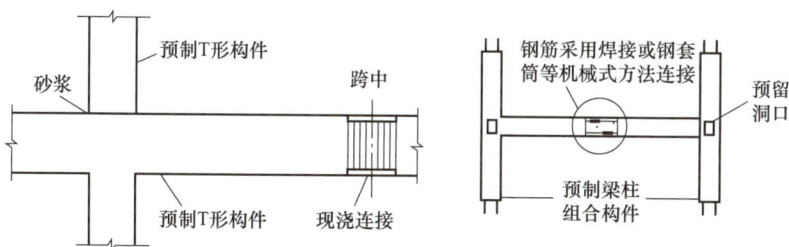

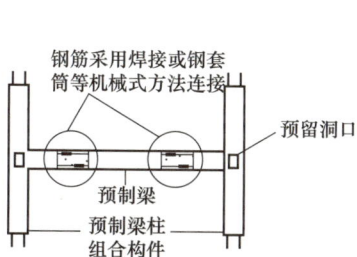

(e) 节点图

图2.2.6　基于二维构件的刚性连接节点

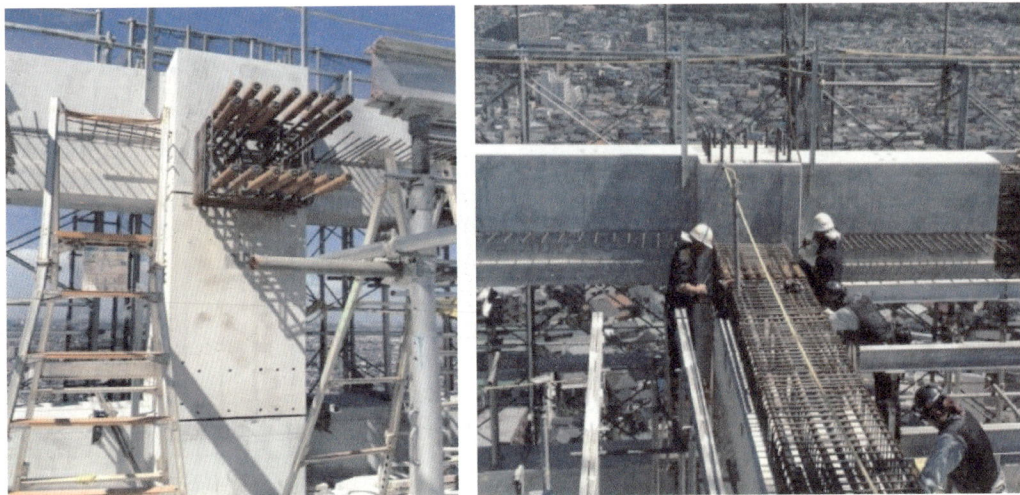

<table>
<tr><td>(a) 二维构件就位</td><td>(b) 与构件连接梁钢筋施工</td></tr>
</table>

图2.2.7　基于二维构件的刚性连接施工

基于三维构件： 采用三维双T形和双"十"字形构件通过一定的方法连接（图2.2.8为基于三维构件的刚性连接节点）。这种连接方式的优点是能减少施工现场布筋、浇筑混凝土等工作，接头数量较少；缺点是构件为三维构件，质量大，不便于生产、运输、堆放以及安装施工，因此这种框架体系应用较少。

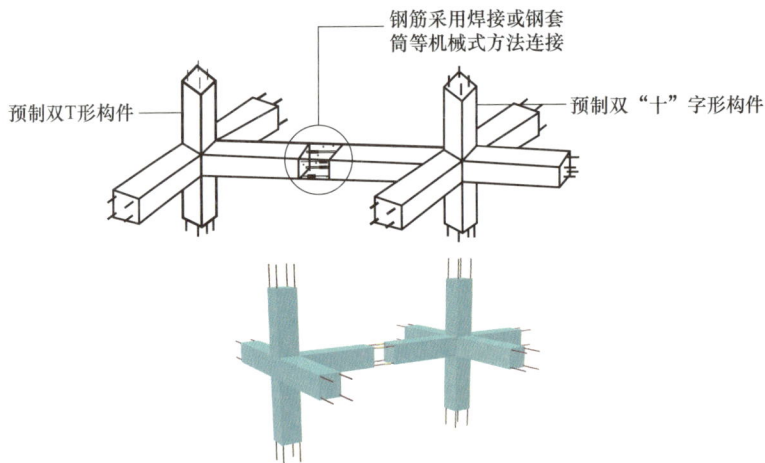

图2.2.8　基于三维构件的刚性连接节点

2. 不等同现浇结构（柔性连接）

图2.2.9、图2.2.10为不等同现浇结构的柔性连接构造。

这种连接方式的框架结构节点采用柔性连接，连接部位抗弯能力比预制构件低，地震作用下弹塑性变形通常发生在连接处。不等同现浇结构的柔性连接既可以用于预制混凝土框架体系，又可以用于预制混凝土板柱结构。地震作用下变形在弹性范围内，因此结构恢复性能好，震后只需对连接部位进行修复即可继续使用，具有较好的经济性能。

柔性连接的预制混凝土结构设计原则与现浇结构有很大的不同，符合"基于性能"的抗震设计思想。

(a) 施工现场

(b) 节点柔性连接

图2.2.9 不等同现浇结构的柔性连接施工

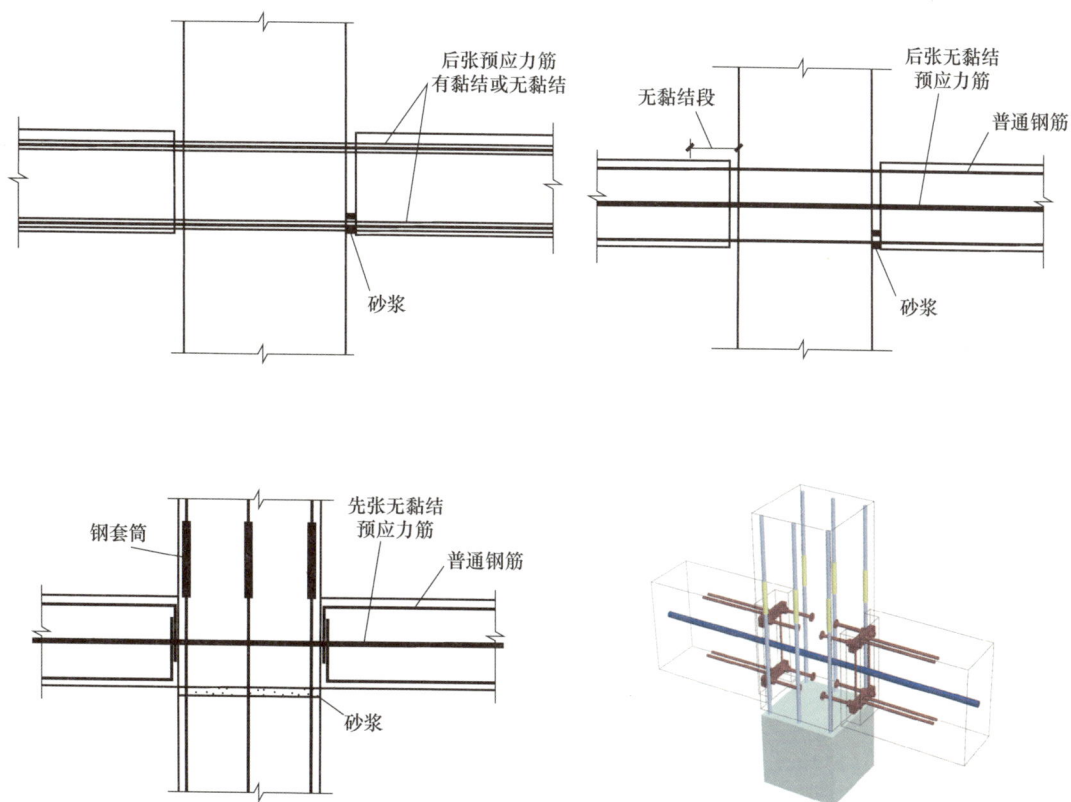

图2.2.10 不等同现浇结构的柔性连接节点

知识拓展

国内外还有很多特定的装配整体式框架结构装配方案，如世构体系（Scope）。世构体系又称为预制预应力混凝土装配整体式框架结构体系，它是法国预制预应力混凝土建筑技术的主要代表，其原理是采用独特的键槽式梁柱节点，将现浇或预制钢筋混凝土柱，预制预应力混凝土梁、板，通过后浇混凝土使梁、板、柱及节点连成整体，如图2.2.11所示。

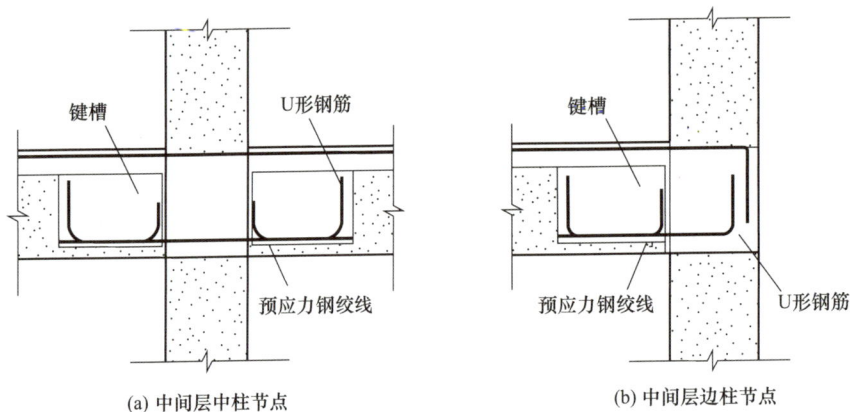

图2.2.11　节点平面构造示意图

(a) 中间层中柱节点　　　　　　　　　　(b) 中间层边柱节点

键槽　　U形钢筋　　预应力钢绞线

在工程实际应用中，世构体系主要有3种装配形式：一是采用预制柱、预制预应力混凝土叠合梁、板的全装配；二是采用现浇柱，预制预应力混凝土叠合梁、板进行部分装配；三是仅采用预制预应力混凝土叠合板，适用于各种类型结构的装配。这3种装配形式以第一种最为省时。由于房屋构成的主体部分或全部为工厂化生产，且柱、梁、板均为专用机具制作，工装化水平高，标准化程度高，因此装配方便，只需将相关节点现场连接并用混凝土浇筑密实，房屋架构即可形成。

世构体系的预制构件包括预制钢筋混凝土柱、预制混凝土叠合梁、预制混凝土叠合板。其中叠合梁、叠合板预制部分受力筋采用高强预应力钢筋（钢绞线、消除应力钢丝），用先张法工艺生产。

世构体系的梁与柱采用键槽式节点连接，这也是世构体系最大的特色。通过在预制梁端预留凹槽，预制梁的纵筋与伸入节点的U形钢筋在其中搭接，U形钢筋主要起到连接节点两端预应力钢绞线的作用，并将传统的梁纵向钢筋在节点区锚固的方式改变为与预制梁端的预应力钢筋在键槽即梁端塑性铰区搭接连接的方式，最后浇筑高强微膨胀混凝土，达到连接梁、柱节点的目的。

世构柱节点三维构造如图2.2.12所示，典型世构柱如图2.2.13所示。其中预制柱层间连接节点处应增设交叉钢筋，并与纵筋焊接，防止柱钢筋屈曲。此外，柱就位后用可调斜撑校正并固定。因受到构件运输和吊装的限制，预制柱有时不能一次到顶，必须采用接柱形式。接柱可采用型钢支撑连接，也可采用密封钢管连接，具体的连接方法因具体工程而定。

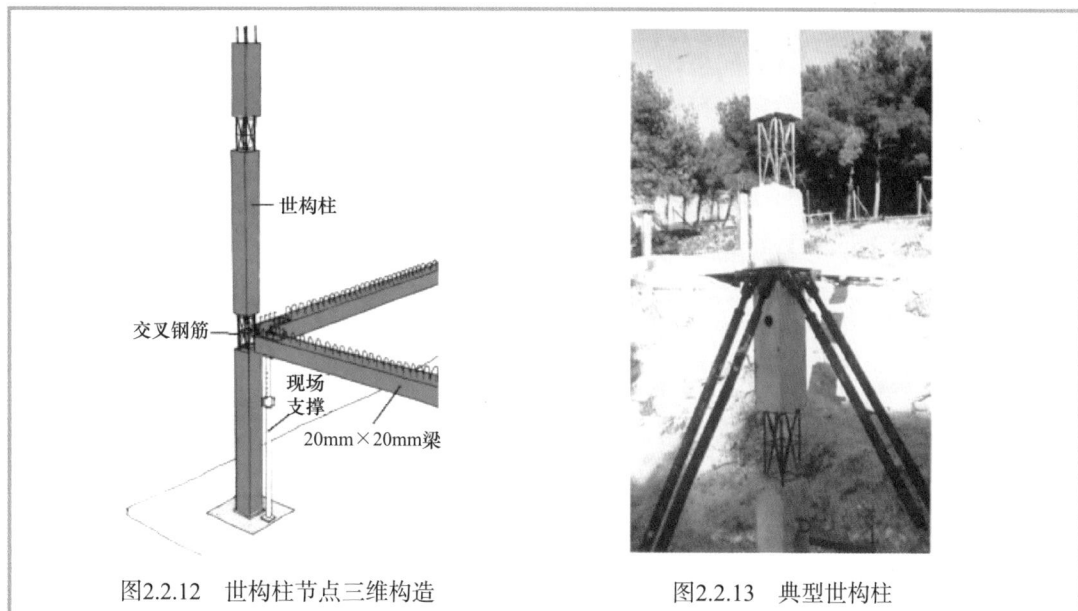

图2.2.12　世构柱节点三维构造　　　　图2.2.13　典型世构柱

2.2.3　装配整体式剪力墙结构

装配整体式剪力墙结构是住宅建筑中常见的结构体系。高度较大的建筑物如果采用框架结构，则需采用较大的柱截面尺寸，通常会影响房屋的使用功能。采用钢筋混凝土墙代替框架柱，墙体主要承受水平荷载，墙体受剪和受弯，称为剪力墙。整幢房屋的竖向承重结构全部由剪力墙组成，则称为剪力墙结构；全部或部分剪力墙采用预制墙板构建成的装配整体式混凝土结构称为装配整体式混凝土剪力墙结构，简称装配整体式剪力墙结构。

1. 结构设计与平面布置

装配整体式剪力墙结构传力途径为楼板→剪力墙→基础→地基，采用装配整体式剪力墙结构的建筑物室内无突出于墙面的梁、柱等结构构件，室内空间规整。装配整体式剪力墙结构的主要受力构件剪力墙、楼板及非受力构件墙体、外装饰等均可预制。预制构件种类一般有预制围护构件（包括全预制剪力墙、单层叠合剪力墙、双层叠合剪力墙、预制混凝土夹芯保温外墙板、预制叠合保温外墙板、预制围护墙板）、预制剪力墙内墙、全预制梁、叠合梁、全预制板、叠合板、全预制阳台板、叠合阳台板、预制飘窗、全预制空调板、全预制楼梯、全预制女儿墙等。其中，预制剪力墙的竖向连接可采用螺栓连接、钢筋套筒灌浆连接、钢筋浆锚搭接连接，预制围护墙板的竖向连接一般采用螺纹盲孔灌浆连接。

抗震设计时，为保证剪力墙底部出现塑性铰后具有足够大的延性，应对可能出现塑性铰的部位加强抗震措施，包括为提高其抗剪切破坏的能力，设置约束边缘构件等，该加强部位称为底部加强部位。为保证装配整体式剪力墙结构的抗震性能，通常在底部加强部位采用现浇结构，在加强区以上部位采用装配整体式剪力墙结构。装配整体式剪力墙结构施工现场如图2.2.14～图2.2.16所示。

图2.2.14 某住宅装配整体式剪力墙结构平面布置图

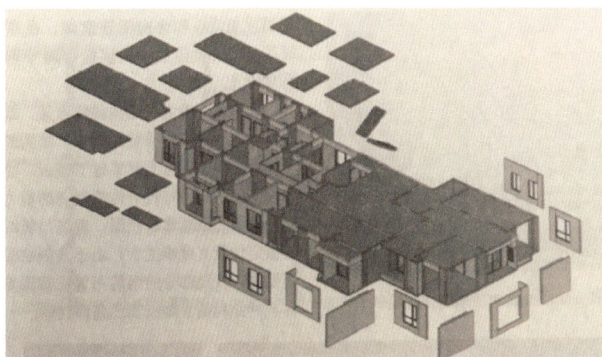

图2.2.15 装配整体式剪力墙结构布置图

图2.2.16 某装配整体式剪力墙结构
（预制剪力墙+灌浆套筒）

装配整体式剪力墙结构的技术特点是：预制构件标准化程度较高，预制墙体构件、楼板构件均为平面构件，生产、运输效率较高；竖向连接方式采用螺栓连接、灌浆套筒连接、浆锚搭接等连接技术；水平连接节点部位后浇混凝土；预制剪力墙T形、"十"字形连接节点钢筋密度大，操作难度较高。

由于装配整体式剪力墙结构房屋的楼板直接支承在墙体上，房间墙面及天花板平整，层高较小，因此适用于住宅、宾馆等建筑；剪力墙的水平承载力和侧向刚度较大，侧向变形较小。另外，剪力墙作为主要的竖向受力构件，在对剪力墙板进行预制时，预制率较高。

装配整体式剪力墙结构的缺点是结构自重较大，建筑平面布局局限性大，较难获得较大的建筑空间。

2. 竖向连接方式

按竖向钢筋连接技术划分，装配整体式剪力墙结构可以分为套筒灌浆连接的预制剪力墙（图2.2.17）、浆锚搭接连接的预制剪力墙（图2.2.18）、底部预留后浇区的预制剪力墙（图2.2.19）。

图2.2.17 套筒灌浆连接的预制剪力墙　　图2.2.18 浆锚搭接连接的预制剪力墙　　图2.2.19 底部预留后浇区的预制剪力墙

套筒灌浆连接的钢筋连接技术如图2.2.20所示。

(a) 套筒　　(b) 节点施工　　(c) 构件吊装　　(d) 构件安装　　(e) 套筒钢筋连接

图2.2.20 套筒灌浆连接的钢筋连接技术

浆锚搭接连接包括螺旋箍筋约束浆锚搭接连接（图2.2.21）、金属波纹管浆锚搭接连接（图2.2.22）以及其他采用预留孔洞插筋后灌浆的间接搭接连接。

现浇剪力墙配外挂墙板体系（图2.2.23）由预制（叠合）板、预制（叠合）梁、预制外挂墙板、预制楼梯等构件组成。剪力墙、柱等构件通常采用现浇。

(a) 示意图

(b) 实物图

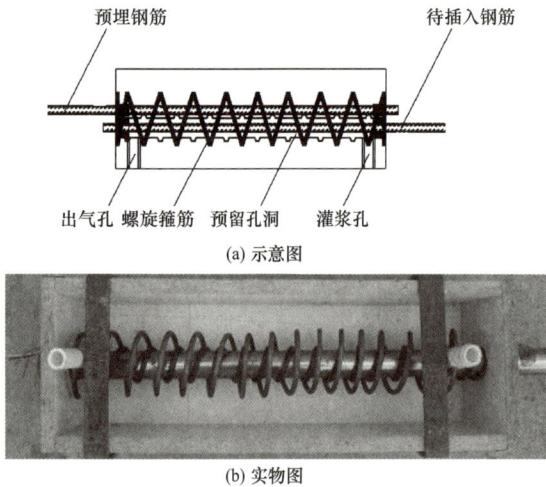

图2.2.21　螺旋箍筋约束浆锚搭接连接

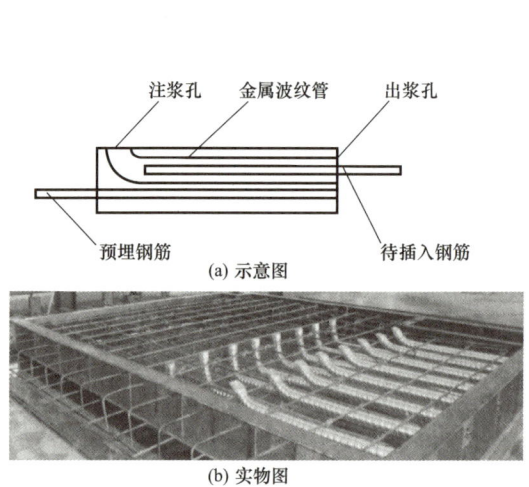

(a) 示意图

(b) 实物图

图2.2.22　金属波纹管浆锚搭接连接

图2.2.23　现浇剪力墙配外挂墙板体系

图2.2.24　叠合板式预制剪力墙体

叠合板式预制剪力墙体（图2.2.24）沿厚度方向分为3层，其中外层预制，中间层现浇，外层与中间层通过桁架钢筋连接，但预制混凝土板及其内的钢筋网与上下层不相连接。

2.2.4　装配整体式框架-剪力墙结构

为了充分发挥框架结构平面布置灵活和剪力墙结构侧向刚度大的特点，当建筑物需要有较大空间且高度超过了框架结构的合理高度时，可采用框架和剪力墙共同工作的结构体系。装配整体式框架-剪力墙结构是办公、酒店类建筑中常见的结构体系。预制构件种类一般有预制外挂墙板、全预制柱、叠合梁、全预制板、叠合板、全预制女儿墙等。其中，预制柱的竖向连接采用钢筋套筒灌浆连接。

技术特点：装配整体式框架–剪力墙结构的主要抗侧力构件剪力墙一般为现浇，第二道抗震防线框架为预制，预制构件标准化程度较高。预制柱、梁构件，楼板构件均为平面构件，生产、运输效率高。

按照剪力墙的形式可将装配整体式框架–剪力墙结构分为预制框架–现浇剪力墙结构、预制框架–现浇核心筒结构、预制框架–预制剪力墙结构。

1. 预制框架–现浇剪力墙结构

预制框架–现浇剪力墙结构梁柱节点现浇（图2.2.25）时，搭接连接后弯锚钢筋排列较紧密，需要注意吊装时存在的梁筋与柱筋碰撞的问题。

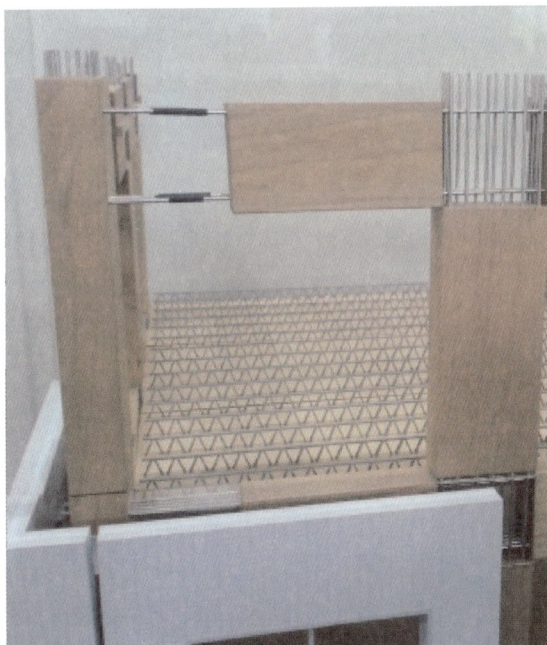

(a) 梁柱节点钢筋弯锚　　　(b) 装配整体式框架-剪力墙结构现浇部分

图2.2.25　梁柱节点现浇

梁柱节点预制时可形成单节点梁或双节点梁。应尽量避免形成双节点梁（跨度较小的梁可以适当应用），特别是较大跨度的梁，否则易造成吊装下落困难。在边柱或角柱位置，也可将梁柱节点与柱一体化预制（图2.2.26），形成带节点柱。

2. 预制框架–现浇核心筒结构

预制框架–现浇核心筒结构在建筑的中央部分，由电梯井道、楼梯、通风井、

图2.2.26　梁柱节点与柱一体化预制

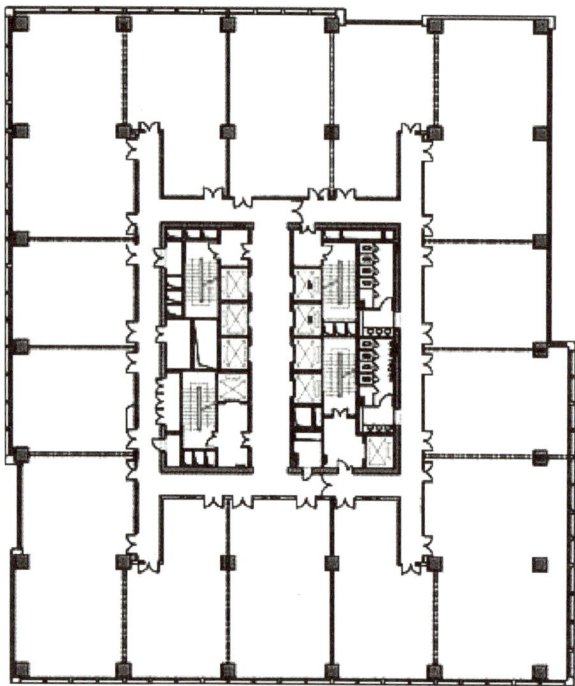

图2.2.27　预制框架-现浇核心筒结构平面布置图

电缆井、公共卫生间、部分设备间围护形成中央核心筒，与外围框架形成外框内筒结构。这种结构体系抗震性较好，是国际上超高层建筑广泛采用的结构形式。这种结构能够获得宽敞的使用空间，使各种辅助服务性空间向平面的中央集中，主功能空间占据最佳的采光位置，并满足视线良好、内部交通便捷的要求（图2.2.27）。

预制外框架与现浇核心筒同步施工时，预制外框架吊装施工与现浇核心筒施工在同一层进行，混凝土浇筑作业可同时进行（可用同一组工人），但施工进度会受影响。预制梁、预制叠合板与现浇核心筒墙体的连接较容易实现。

现浇核心筒先行、预制外框架跟进的施工方式（预制、现浇分开施工，不交叉作业）类似于钢框架-现浇钢筋混凝土核心筒的施工工法，如浇核心筒先行升到10层，开始进行钢外框架的吊装。现浇核心筒应预埋框架梁连接筋及板连接筋。

3. 预制框架-预制剪力墙结构

预制框架-预制剪力墙结构有四种常见形式：墙、梁一体化预制加连梁的形式（图2.2.28）；梁柱节点现浇，预制剪力墙、预制"一"字形梁形式（图2.2.29）；将墙、柱、梁一体化预制的形式（图2.2.30）；预制柱、预制墙、预制节点、预制梁一体化构件的形式（图2.2.31）。图2.2.32为预制框架-预制剪力墙结构工程实例。

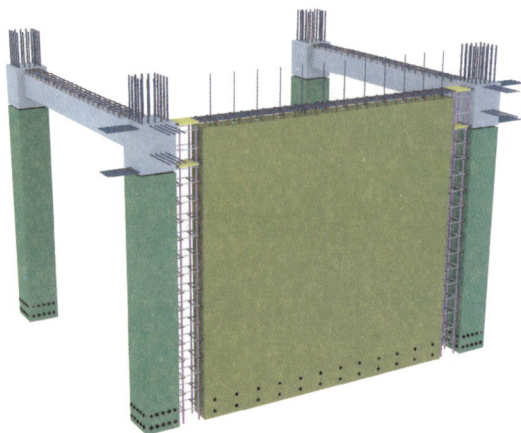

图2.2.28　墙、梁一体化预制加连梁

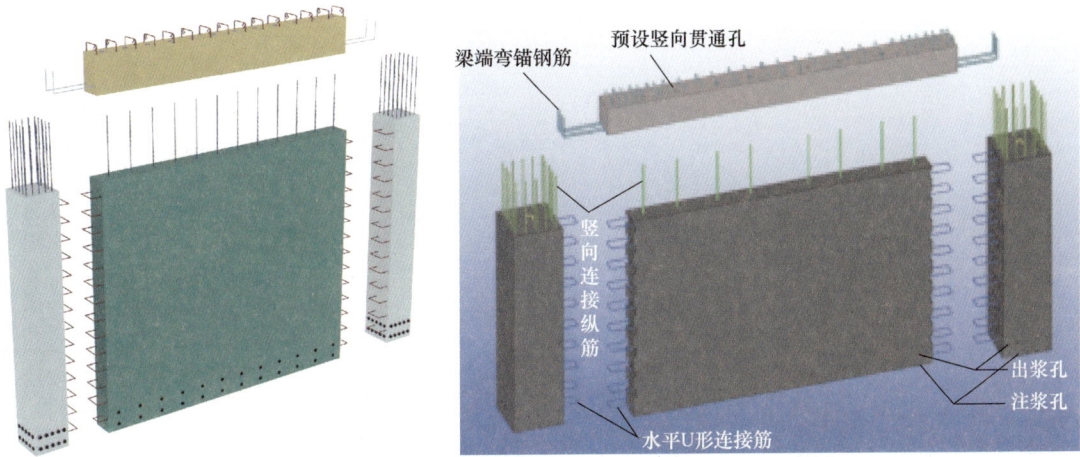

图2.2.29 梁柱节点现浇，预制剪力墙、预制"一"字形梁

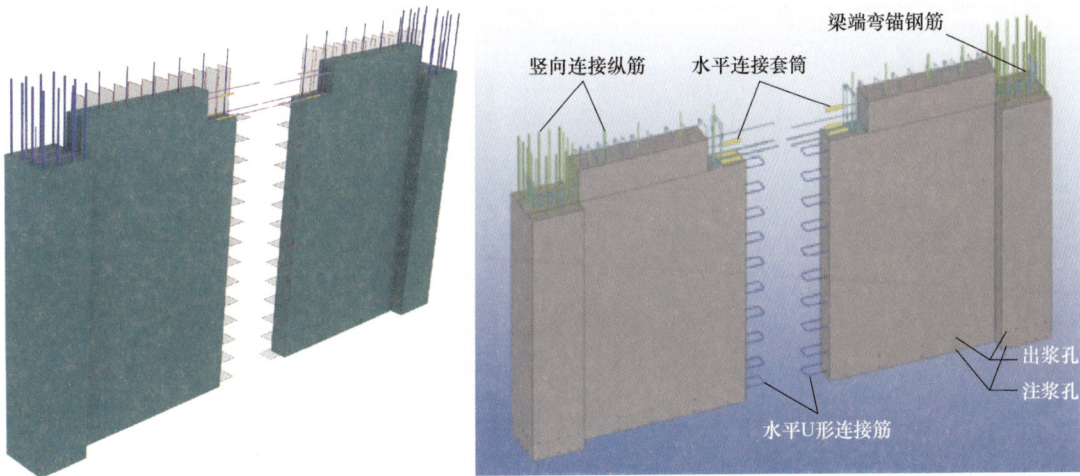

图2.2.30 墙、柱、梁一体化预制

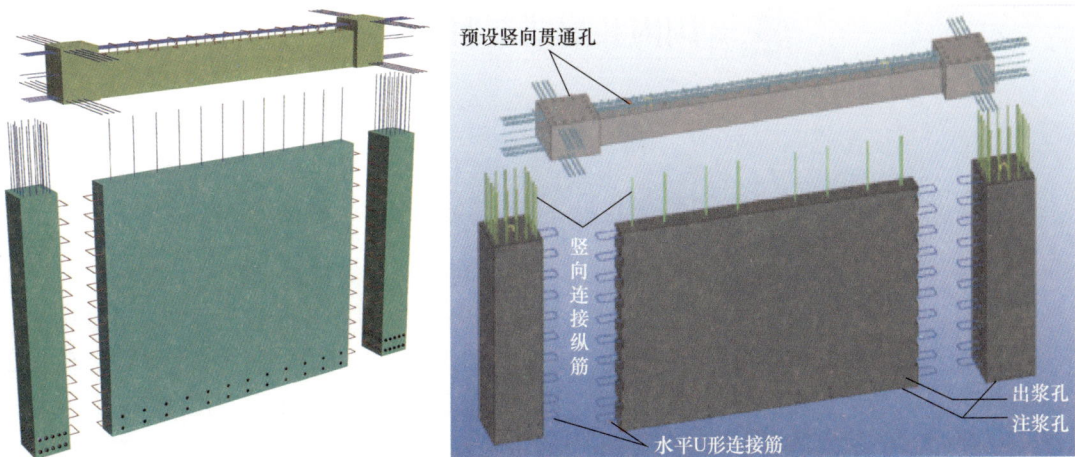

图2.2.31 预制柱、预制墙、预制节点、预制梁一体化构件

(a) 外立面

(b) 施工现场

(c) 内部结构

图2.2.32　某大学研究生公寓楼试点工程

2.3　国内装配式混凝土建筑主流厂商

国内主流
厂商介绍
（教学视频）

2.3.1　远大住工

远大住宅工业集团股份有限公司（简称远大住工）拥有住宅产业化完整的产业链，包括房地产开发、构件生产、主体施工、装修施工、整体厨房生产制造等。它采用的是设计、开发、制造、施工、装修一体化建造模式。目前，远大住工在湖南省内有多个预制构件厂，并在其开发的多个房地产项目中采用了预制技术。2013年，远大住工进入上海市场，成立了设计院，并租用工厂开始进行实体项目建设。

远大住工的建筑结构体系为钢筋混凝土预制构件+现浇剪力墙，即竖向结构现浇+水平向结构叠合+预制外挂墙板的总体思路，预制率在30%~50%。远大住工预制装配式混凝土住宅建设实景如图2.3.1所示。

(a) 第一代装配式钢结构体系

(b) 第二代装配式模块体系

(c) 第三代集成住宅

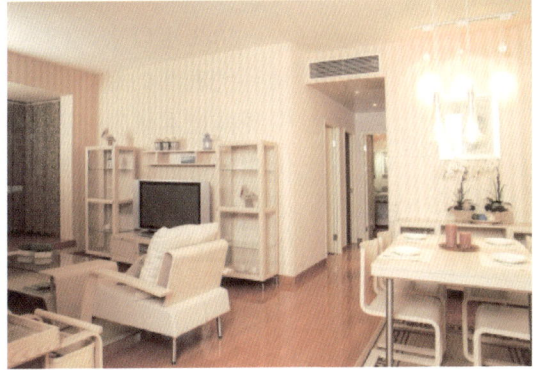

(d) 第四代集成住宅

图2.3.1 远大住工预制装配式混凝土住宅建设实景

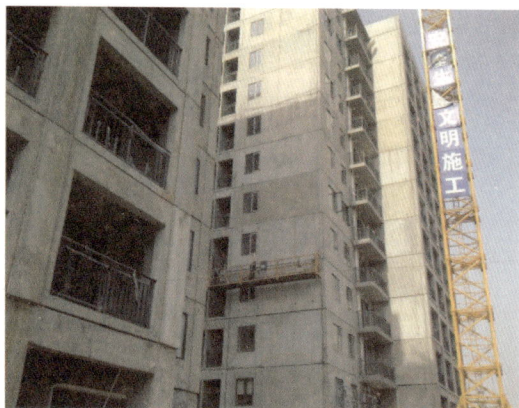

(e) 第五代叠合楼板＋现浇剪力墙结构

图2.3.1（续）

2.3.2　万科集团

2000年以来，国内一些房地产企业尝试走住宅产业化发展道路，具有代表性的是万科集团。万科集团采用了以房地产开发为龙头，并围绕其技术研发＋应用平台＋资源整合。万科集团于1999年成立了建筑研究中心，2004年成立了工程化中心，开展预制装配式混凝土技术的研究。目前，万科集团所建的占地$1.4×10^5 m^2$的松山湖基地已成为其住宅产业化、建筑技术研发的综合性平台。自2007年于上海建造首批住宅产业化楼——浦东新里程20号、21号两幢楼开始，至今已建成的主要代表项目有上海万科新里程［图2.3.2（a）］装配式混凝土住宅项目、天津万科东丽湖装配式混凝土住宅试点项目、深圳万科第五园［图2.3.2（b）］预制装配式混凝土住宅试点项目、万科假日风景［图2.3.2（c）］项目等。

主流厂商介绍
深圳万科
（教学视频）

(a) 万科新里程　　　　　　(b) 深圳万科第五园　　　　　　(c) 万科假日风景

图2.3.2　万科工程案例

2.3.3　宝业集团

宝业集团原致力于钢结构体系，近年来收购了西伟德混凝土预制件（合肥）有限公司。西伟德混凝土预制件（合肥）有限公司引用德国技术，开发了叠合板式混凝土剪力墙结构体系，并在工程中进行了应用。该结构体系的核心构件是格构钢筋叠合楼板和叠合墙板，可大量应用于剪力墙结构建筑。西伟德混凝土预制构件生产实景如图2.3.3所示。

图2.3.3 西伟德混凝土预制构件生产实景

主流厂商介绍
浙江宝业集团
（教学视频）

2.3.4 润泰集团

润泰集团于1943年在上海成立，1945年迁移至台湾，其由纺织事业开始经营，现已拓展到建筑开发、金融保险、流通事业、医疗服务及教育等领域。目前，润泰集团拥有诸多投资项目，其中较著名的有大润发（大福源）连锁量贩超市、上海喜士多便利超商（C-Store）。润泰集团旗下润铸建筑工程致力于装配式混凝土建筑技术研发，拥有"预制框架剪力墙"等工法和"一种用于预制梁及预制叠合板吊装的新型单管支撑""一种用于预制混凝土柱安装的新型斜撑"等多项专利。润泰集团工程案例如图2.3.4和图2.3.5所示。

主流厂商介绍
台湾润泰集团
（教学视频）

图2.3.4 上海安泰大楼

图2.3.5 上海城建海港基地2号试点楼（装配率达70%）

主流厂商介绍
上海浦凯
（教学视频）

2.3.5 上海浦凯

上海浦凯预制建筑科技有限公司（简称上海浦凯）是致力于建筑科技研发、推广应用的专业顾问咨询公司，是上海市建设协会建筑工业化与住宅产业化专业委员会会员单位，其核心技术为装配式混凝土建筑和BIM技术。

基于对预制装配式混凝土建筑的深入研究和多年的技术积累，上海浦凯在装配式混凝土建筑的设计、构件制作、施工3个阶段能够为建设方、设计单位、施工单位提供设计、顾问咨询和项目管理服务。例如，上海浦凯为某保障房项目（图2.3.6）提供装配式设计及咨询服务，该项目位于上海浦东，总建筑面积约为$2×10^5m^2$，地上建筑面积约为$1.5×10^5m^2$。其中，高层住宅由8栋21层、1栋20层和3栋18层建筑单体组成，全部采用装配整体式剪力墙结构体系；1栋4层5000m^2配套公共建筑采用装配整体式框架结构体系，预制装配率要求均为40%。各单体抗震设防烈度均为7度，抗震等级均为二级。

图2.3.6 上海浦凯某保障房项目效果图

行业动态

2020年和2021年我国装配式建筑的发展

2020年，全国31个省、自治区、直辖市和新疆生产建设兵团新开工装配式建筑共计6.3亿m^2，较2019年增长50%，占新建建筑面积的比例约20.5%，完成了《"十三五"装配式建筑行动方案》确定的"到2020年，全国装配式建筑占新建建筑的比例达到15%以上"的目标。

2020年，京津冀、长三角、珠三角等重点推进地区新开工装配式建筑占全国装配式建筑的比例为54.6%，积极推进地区和鼓励推进地区占45.4%，重点推进地区占比较2019年进一步提高。其中，上海市新开工装配式建筑占新建建筑的比例为91.7%，北京市为40.2%，天津市、江苏省、浙江省、湖南省和海南省均超过30%。

从结构形式上看，2020年新开工装配式混凝土结构建筑4.3亿m^2，较2019年增长59.3%，占新开工装配式建筑的比例为68.3%；装配式钢结构建筑1.9亿m^2，较2019年增长46%，占新开工装配式建筑的比例为30.2%。其中，新开工装配式钢结构住宅1206万m^2，较2019年增长33%。

随着政策驱动和市场内生动力的增强，装配式建筑相关产业发展迅速。截至2020年，全国共创建国家级装配式建筑产业基地328个，省级产业基地908个。在装配式建筑产业链中，构件生产、装配化装修成为新的亮点。其中，构件生产产能和产能利用率进一步提高，全年装配化装修面积较2019年增长58.7%。

2021年，全国新开工装配式建筑工程7.4亿m²，较2020年增长17.5%，占新建建筑面积的比例为24.5%，从结构形式上看，新开工装配式混凝土结构建筑4.9亿m²，较2020年增长59.3%，占新开工装配式建筑的比例为66.2%。

学习参考

登录www.abook.cn网站，搜索本书，下载相关学习参考资料。

本章小结

装配式混凝土建筑是一种新型的混凝土建筑结构。这种新型结构的发展有利于提升建筑业科技水平和管理水平，提高工程建设效率，降低资源与能源的消耗，减少环境污染，实现建筑业可持续发展，同时能够改善和提高建设工程质量与安全水平。同时，能够解决劳动力资源短缺的问题，进而推动建设工程管理体系的变革，实现建筑业的可持续发展。

本章介绍了装配式混凝土建筑的形式，主要有砌块建筑、板材建筑、盒式建筑、骨架板材建筑、升板和升层建筑。装配式混凝土建筑结构类型体系与现浇钢筋混凝土结构体系类似，通常分为框架结构、剪力墙结构、框架-剪力墙结构体系。装配式混凝土建筑结构体系可以根据预制构件的连接形式、装配率、建筑高度等选择，具体结构形式，根据对装配率的要求可以参考以下内容进行选择。

1）装配率达到15%时选择方案：建议考虑叠合板等水平构件预制。

2）装配率在20%~25%时选择方案：建议考虑叠合板等水平构件+预制挂板构件或考虑叠合板等水平构件+PCF（precast concrete facadepanel，预制外挂墙板）板构件。

3）装配率超过30%时选择方案：建议考虑水平构件+剪力墙等竖向构件。

实践项目　装配式混凝土建筑VR体验

【实践目标】

1．熟悉装配式混凝土建筑的结构体系类型。

2．了解各结构体系常用施工技术。

【实践要求】

1．复习建筑构造课程相关知识和本章内容。

2．遵守教师教学安排。

3．完成布置任务。

【实践资源】

1．VR虚拟实训室。

2．高配置计算机、VR头盔、手柄等硬件。

3．装配式混凝土建筑现场VR资源。

【实践步骤】

1．教师进行实训布置。

2．教师组织漫游VR资源要点，引导学生在学习中思考。

1）了解装配式混凝土建筑类型。

2）了解装配式混凝土结构体系。

3）了解目前装配式混凝土建筑结构体系的施工技术要点和各自优缺点。

4）归纳总结根据预制方式、预制率要求等进行装配式混凝土建筑结构体系的选择方法。

3．学生观看VR资源，漫游建筑内外，查看结构类型。

4．教师总结。

【上交成果】

1500字左右的专题报告。

习　题

1．装配式混凝土建筑主要的形式有（　　）。

A．砌块建筑、板材建筑　　　　　　B．盒式建筑、骨架板材建筑

C．升板和升层建筑　　　　　　　　D．以上都是

2．根据结构形式和预制方案，大致可将装配整体式混凝土结构分为（　　　）。

A．装配整体式框架结构、装配整体式剪力墙结构、装配整体式框架–剪力墙结构

B．框架结构、剪力墙结构、筒体结构

C．装配整体式框架结构、装配整体式筒体结构、装配式剪力墙结构

D．装配整体式剪力墙结构、装配整体式框架–剪力墙结构、装配整体式筒体结构

3．板材建筑由（　　　）装配而成，又称大板建筑，它是工业化体系建筑中全装配式混凝土建筑的主要类型。

A．中型内外墙板、现浇楼板和预制屋面板等板材

B．预制内外墙板、楼板和现浇屋面板材

C．预制的大型内外墙板、楼板和屋面板等板材

D．现浇内外墙、预制楼板和屋面板等板材

4．核心筒盒式（　　　）组成建筑。

A．完全由承重盒子重叠

B．以承重的卫生间盒子作为核心体，四周再用楼板、墙板或骨架

C．将小开间的厨房、卫生间或楼梯间等做成承重盒子，再与墙板和楼板等

D．用轻质材料制成许多住宅单元或单间式盒子，支承在承重骨架上

5．框架结构中（　　　）采用预制构件建成的装配整体式混凝土结构，简称装配整体式框架结构。

A．全部框架梁、柱 　　　　　　　B．40%以上的框架梁、柱

C．60%以上的框架梁、柱 　　　　D．全部或部分框架梁、柱

6．装配整体式剪力墙结构传力途径为（　　　），采用剪力墙结构的建筑物室内无突出于墙面的梁、柱等结构构件，室内空间规整。

A．楼板→剪力墙→基础→地基

B．楼板→柱→剪力墙→基础→地基

C．楼板→梁→柱→剪力墙→基础→地基

D．以上都不对

7．以竖向钢筋连接技术划分，预制剪力墙体系可以分为（　　　）。

A．三维连接的预制剪力墙、二维连接的预制剪力墙、底部预留后浇区的预制剪力墙

B．套筒灌浆连接的预制剪力墙、浆锚搭接连接的预制剪力墙、底部预留后浇区的预制剪力墙

C．套筒灌浆连接的预制剪力墙、T形连接的预制剪力墙

D．一维连接的预制剪力墙、二维连接的预制剪力墙、三维连接的预制剪力墙

8．装配整体式框架–剪力墙结构是办公、酒店类建筑中常见的结构体系，（　　　）。

A．抗震主要以剪力墙作为防线

B．抗震主要以框架柔性耗能

C．剪力墙为第一道抗震防线，预制框架为第二道抗震防线

D．剪力墙和框架共同抗震

9．梁柱节点预制时可形成单节点梁或双节点梁，（　　　），特别是较大跨度的梁，否

则易造成吊装下落困难，跨度较小的梁可以适当应用。

    A．尽量避免双节点梁   B．宜选用双节点梁

    C．最好选用双节点梁   D．都可以

10. 装配式混凝土建筑结构体系在装配率在20%～25%时宜选择（   ）方案。

    A．叠合板等水平构件预制

    B．叠合板等水平构件+预制挂板构件或叠合板等水平构件+PCF板构件

    C．预制水平构件+剪力墙等竖向构件

    D．现浇水平构件+剪力墙等竖向构件

第二章 装配式混凝土建筑基本构造

教学PPT

知识目标

1. 掌握施工过程中预制混凝土构件的连接方式。
2. 掌握楼盖、梁柱、剪力墙的基本构造。
3. 熟悉外挂墙板的基本构造。

能力目标

1. 能够识读楼盖、梁柱、剪力墙、外挂墙板等预制构件的基本构造。
2. 能够根据要求选择合理的预制混凝土构件连接方式。

素养目标

1. 树立质量意识和担当精神。
2. 形成团结协作的理念。
3. 养成全方位思考的习惯。

知识导引

　　框架结构是最常见的建筑结构体系，框架结构之所以能整体工作，是因为框架结构之间构件的可靠连接。剪力墙又称为抗震墙，具有良好的抗震性能，是高层建筑中抵御地震作用的第一道防线。对于传统现浇混凝土结构，由于混凝土现浇，因此不存在连接区域等薄弱位置；而对于装配整体式混凝土结构，构件之间的连接区域属于结构的薄弱位置，如何保证这些薄弱区域具有良好的抗震性能并使其在地震中不先于其他构件发生破坏，对结构整体的安全性具有非常重要的意义。

　　预制构件的连接分为湿式连接和干式连接，湿式连接指构件与构件之间连接区域内钢筋全部连接，连接区域后浇混凝土将构件连接为整体；干式连接，即干作业的连接方式，连接时无须浇筑混凝土，而是通过在连接的构件内植入钢板或其他钢部件，再用螺栓连接或焊接，从而达到连接的目的。湿式连接现场湿作业量大，工期较长，连接件造价较高，但连接区域整体性能接近现浇构件；干式连接采用现场拼装，无须浇筑混凝土，工作量小，施工速度快，连接区域承载力和刚度较大，但其抗震性能较湿式连接差，同时对预制构件的尺寸精度要求更高。

本章首先介绍预制构件的连接方式，包括钢筋套筒灌浆连接、浆锚搭接连接、后浇混凝土连接、螺栓连接和焊接连接等。

基于材料的连接，本章重点对楼盖、梁柱、剪力墙、外挂墙板等预制构件的构造进行介绍。

3.1 预制构件的连接方式

想一想

现浇混凝土结构中同样存在钢筋的连接问题。为什么现浇结构中的钢筋连接方式不能完全适用于预制构件之间的钢筋连接？为什么装配整体式混凝土结构中钢筋连接区域是结构的薄弱位置？

对装配式结构而言，"可靠的连接方式"是第一重要的，是结构安全的最基本保障。装配式混凝土结构连接方式包括：钢筋套筒灌浆连接、浆锚搭接连接、后浇混凝土连接、螺栓连接和焊接连接。

3.1.1 钢筋套筒灌浆连接

预制构件钢筋套筒灌浆连接（教学视频）

钢筋套筒灌浆连接是一种因工程实践的需要和技术发展而产生的新型连接方式。该连接方式弥补了传统连接方式（焊接、机械连接、螺栓连接等）的不足，从而得到了迅速的发展和应用。钢筋套筒灌浆连接是各种装配整体式混凝土结构的重要接头形式。

1960年美籍华人余占疏博士（Dr. Alfred A. Yee，美国工程院院士，预应力结构的国际权威）发明了钢筋套筒连接器（splice sleeve），并首次在美国夏威夷38层的阿拉莫阿纳酒店项目的预制柱钢筋续接中应用，开创了柱续接刚性接头的先河，而后在欧美和亚洲得到广泛应用。目前，这种连接方式在日本应用最多，用于很多超高层建筑，最高建筑达200多米。日本的钢筋套筒灌浆连接建筑经历过多次大地震的考验。

1. 钢筋套筒灌浆连接的原理及分类

钢筋套筒灌浆连接的原理是透过铸造的中空型套筒，钢筋从两端开口穿入套筒内部，不需要搭接或熔铸，钢筋与套筒间填充高强度微膨胀结构性砂浆，即完成钢筋续接动作。其连接的原理主要是借助砂浆受到套筒的围束作用，加上本身具有微膨胀特性，借此增强与钢筋、套筒内侧间的摩擦力，以传递钢筋应力。

按照钢筋与套筒的连接方式不同，钢筋套筒可分为全灌浆套筒、半灌浆套筒两种，如图3.1.1所示。

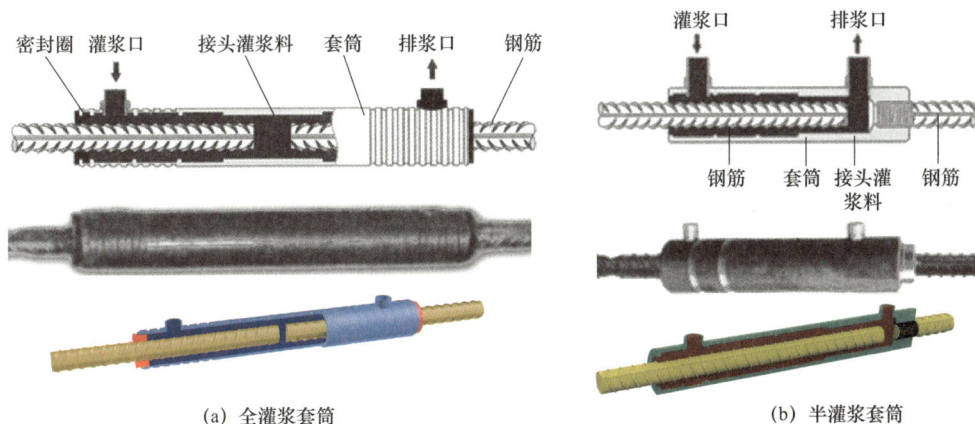

(a) 全灌浆套筒　　　　　　　　　(b) 半灌浆套筒

图3.1.1　灌浆套筒

全灌浆套筒接头是传统的灌浆连接接头形式，套筒两端的钢筋均采用灌浆连接，两端钢筋均是带肋钢筋。半灌浆套筒接头是一端钢筋用灌浆连接，另一端采用非灌浆方法（如螺纹连接）连接的接头。

全灌浆套筒接头一般设置在预制构件间的后浇段内，待两侧预制构件安装就位后，纵向钢筋伸入套筒后进行灌浆固定；半灌浆套筒接头一般设置在预制构件的边缘，在相邻的预制构件钢筋伸入套筒后进行灌浆。

采用半灌浆套筒可以减小套筒的长度，节约套筒成本和灌浆料。减小套筒长度后，钢筋连接箍筋加密区范围减小，有利于减少钢筋用量，但采用半灌浆套筒，对钢筋和套筒的定位以及构件吊装安装精度要求更高，实际应用中应综合考虑。

2. 灌浆套筒的组成

灌浆套筒由带肋钢筋、套筒和灌浆料三部分组成，如图3.1.2所示。

对于被连接的带肋钢筋，其屈服强度不应大于500MPa，且抗拉强度不应大于630MPa，宜采用HRB400级钢筋。

对于套筒筒体，当采用铸造工艺制造时，宜选用球墨铸铁；套筒采用机械加工工艺制造时，宜选用优质碳素结构钢、低合金高强度结构钢、合金结构钢或其他经过检验确定符合要求的钢材。

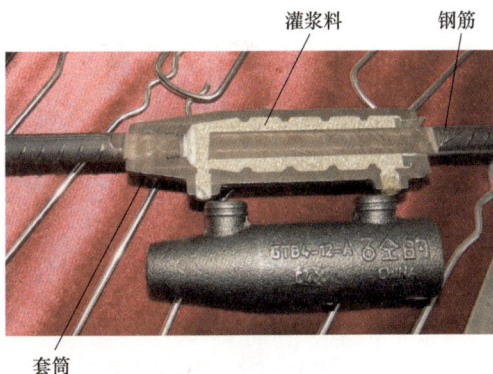

图3.1.2　灌浆套筒剖面图

灌浆料是以水泥为基本材料，配以适当的细集料、混凝土外加剂和其他材料组成的干混料，其加水搅拌后具有良好的流动性、早强、高强、微膨胀等性能，填充于套筒和带肋钢筋间隙内。

钢筋连接灌浆料应符合现行行业标准《钢筋套筒灌浆连接应用技术规程》（JGJ 355—2015）和《钢筋连接用套筒灌浆料》（JG/T 408—2019）的有关规定。灌浆料技术性能要求见表3.1.1所示。

表3.1.1　灌浆料技术性能要求

检测项目		性能指标
流动度/mm	初始	≥300
	30min	≥260
抗压强度/MPa	1d	≥35
	3d	≥60
	28d	≥85
竖向自由膨胀率/%	3h	0.02～2
	24h与3h差值	0.2～0.4
氯离子含量/%		≤0.03
泌水率/%		0

注：氯离子含量以灌浆料总量为基准。

3. 钢筋套筒灌浆连接在装配式混凝土结构中的应用

钢筋套筒灌浆连接主要适用于装配整体式混凝土结构的预制剪力墙、预制柱等预制构件的纵向钢筋连接，如图3.1.3和图3.1.4所示，也可用于叠合梁等后浇部位的纵向钢筋连接。

套筒连接是对现行混凝土结构规范的"越线"，全部钢筋都在同一截面连接，这违背了《混凝土结构设计规范（2015年版）》

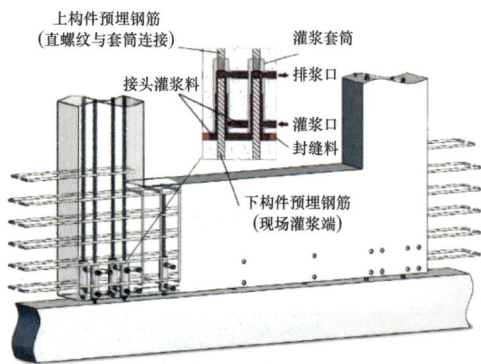

(a) 灌浆套筒在剪力墙内布置示意图

(b) 灌浆连接钢筋

图3.1.3　钢筋套筒灌浆连接在预制剪力墙中的应用

图3.1.4　钢筋套筒灌浆连接在预制柱中的应用

（GB 50010—2010）关于钢筋接头同一截面不大于50%的规定。但由于这种连接方式经过了试验和工程实践的验证，特别是超高层建筑经历过大地震的考验，因此是可靠的连接方式。

　　上述连接方式中的套筒是埋置在预制混凝土构件中与其他构件伸出的钢筋连接的。还有一种套筒是后浇区钢筋连接用的注胶套筒，先将其套在一个构件的钢筋上，两个构件对接后，移动套筒，使之套上另一个构件的钢筋，钢筋接头空隙小于30mm，然后注胶，如图3.1.5所示。

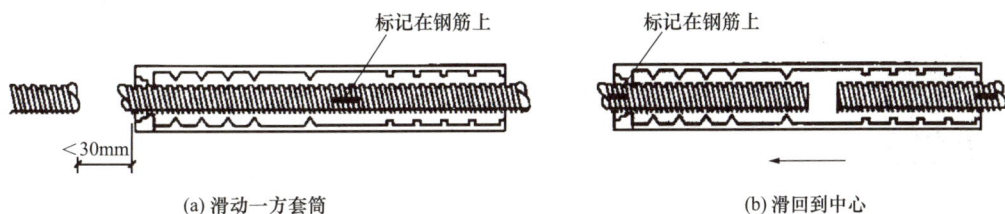

图3.1.5　注胶套筒示意图

　　注胶套筒在日本应用较多。国内多采用与注胶套筒同样功能的机械套筒，最常见的是螺旋套筒。螺旋套筒与钢筋连接依靠螺纹连接的方式，对接钢筋端部像螺栓一样有螺纹，套筒相当于大的螺母旋在两根钢筋上，形成连接。

4. 钢筋套筒灌浆连接的要求

　　钢筋套筒灌浆连接接头在同截面布置时，接头性能应达到钢筋机械连接接头的最高性能等级，国内建筑工程的钢筋接头应满足国家行业标准《钢筋机械连接技术规程》（JGJ 107—2016）中的I级性能指标。在产品选用上，《钢筋套筒灌浆连接应用技术规程》（JGJ 355—2015）要求强制套筒与灌浆料必须采用同一个厂家的产品，但套筒的各项指标应符合《钢筋连接用灌浆套筒》（JG/T 398—2019）的要求，灌浆料的各项指标应符合《钢筋连接用套筒灌浆料》（JG/T 408—2019）的要求。目前，市场上的产品能够做到套筒和灌浆料共同研发的企业不多，当选用不同厂家的产品组合时，选用方应当完成独立的钢筋连接接头形式检验。《装配式混凝土结构技术规程》（JGJ 1—2014）（以下简称《装规》）强制条文规定：预制结构构件采用钢筋套筒灌浆连接时，应在构件生产前进行钢筋套筒灌浆连接接头的抗拉强度试验，每种规格的连接接头试件数量不应少于3个。

当装配式混凝土结构采用符合规定的套筒灌浆连接接头时，全部构件纵向受力钢筋可在同一截面上连接。但当混凝土结构全截面受拉或小偏心受拉时，同一截面不宜全部采用钢筋套筒灌浆连接。

采用套筒灌浆连接的混凝土构件设计时应符合下列规定：接头连接钢筋的强度等级不应高于灌浆套筒规定的连接钢筋强度等级，连接钢筋的直径规格不应大于灌浆套筒规定的连接钢筋直径规格，且不宜小于灌浆套筒规定的连接钢筋直径规格一级以上；构件配筋方案应根据灌浆套筒外径、长度及灌浆施工要求确定，钢筋插入灌浆套筒的锚固长度应符合灌浆套筒参数要求。

预制剪力墙中钢筋接头处套筒外侧钢筋混凝土保护层厚度不应小于15mm，预制柱中钢筋接头处套筒外侧箍筋的混凝土保护层厚度不应小于20mm，套筒之间净距不应小于25mm。

3.1.2 浆锚搭接连接

预制构件的浆锚
搭接（教学视频）

浆锚搭接连接（又称约束浆锚连接）技术源于欧洲，但目前国外在装配式建筑中没有继续研发和应用这一技术。我国近年来有大学、研究机构和企业做了大量研究试验，有了一定的技术基础，在国内装配整体式混凝土结构建筑中也有应用。浆锚搭接连接方式最大的优势是成本低于套筒灌浆连接方式。《装规》对浆锚搭接连接方式给予了审慎的认可，因为浆锚搭接连接缺乏钢筋套筒灌浆连接方式那样有几十年的工程实践并经历过多次大地震的考验。

1. 工作原理

浆锚搭接连接是基于黏结锚固原理进行连接的方法，在竖向结构部品下段范围内预留出竖向孔洞，孔洞内壁表面留有螺纹状粗糙面，周围配有横向约束螺旋箍筋。装配式构件将下部钢筋插入孔洞内，通过灌浆孔注入灌浆料，直至排气孔溢出，停止灌浆；当灌浆料凝结后将此部分连接成一体，如图3.1.6所示。

浆锚搭接连接有两种方式，一是两根搭接的钢筋外圈有螺旋钢筋，它们共同被螺旋钢筋所约束；二是浆锚孔用金属波纹管代替。

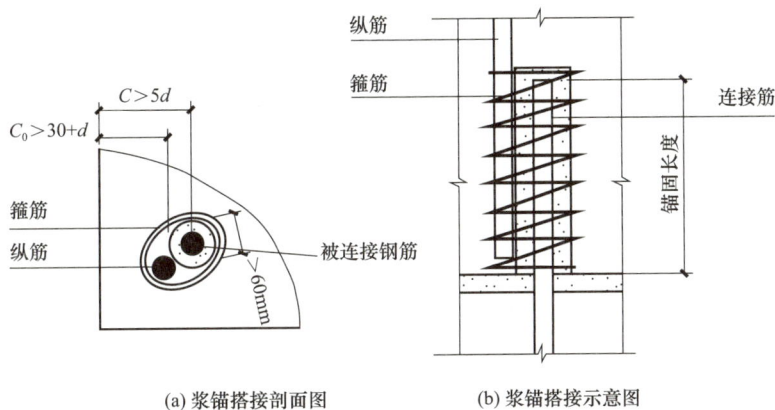

(a) 浆锚搭接剖面图　　　(b) 浆锚搭接示意图

C_0—灌浆孔保护层厚度；C—被连接钢筋保护层厚度；d—被连接钢筋直径。

图3.1.6　浆锚搭接连接原理

2. 预留孔洞内壁

浆锚搭接连接方式预留孔道的内壁是螺旋形的，有两种成型方式：第一种方式是埋置螺旋形的金属内模，构件达到强度后旋出内模；第二种方式是预埋金属波纹管作内模，完成后不抽出。采用螺旋形的金属内模方式旋出内模时容易造成孔壁损坏，也比较费工，因此金属波纹管方式更简单可靠。

3. 浆锚搭接灌浆料

浆锚搭接灌浆料为水泥基灌浆料，其性能应符合表3.1.2的规定。浆锚搭接所用的灌浆料的强度低于钢筋套筒灌浆连接的灌浆料。因为浆锚搭接由螺旋钢筋形成的约束力低于金属套筒的约束力，灌浆料强度过高属于功能过剩。

表3.1.2　浆锚搭接灌浆料工作性能要求

检测项目		性能指标	试验方法
泌水率/%		0	GB/T 50080—2016
流动度/mm	初始	≥200	GB/T 50080—2016
	30min	≥150	
竖向膨胀率/%	3h	≥0.02	GB/T 50448—2015
	24h与3h的膨胀值之差	0.02～0.5	
抗压强度/MPa	1d	≥35	GB/T 50448—2015
	3d	≥60	
	28d	≥85	
氯离子含量/%		≤0.06	GB/T 8077—2012

4. 浆锚搭接连接要求

《装规》第6.5.4条规定：纵向钢筋采用浆锚搭接连接时，对预留成孔工艺、孔道形状和长度、构造要求、灌浆料和被连接钢筋，应进行力学性能以及适用性的试验验证。直径大于22mm的钢筋不宜采用浆锚搭接连接；直接承受动力荷载构件的纵向钢筋不应采用浆锚搭接连接。

这里，试验验证的概念是指需要验证的项目须经过相关部门组织的专家论证或鉴定后方可使用。

《装规》第7.1.2条规定，在装配整体式框架结构中，预制柱的纵向钢筋连接应符合下列规定：当房屋高度不大于12m或层数不超过3层时，可采用套筒灌浆、浆锚搭接、焊接等连接方式；当房屋高度大于12m或层数超过3层时，宜采用套筒灌浆连接。也就是说，在多层框架结构中，《装规》不推荐采用浆锚搭接方式。

知识拓展

预埋件的质量问题

在实际工程中，如果质量控制出了问题，预制构件中的线盒、线管、吊点、预埋铁件等中心线位置、埋设高度等会超过规范允许偏差值。预埋件质量问题在构件生产中发生概率较大，易造成返工修补，影响生产进度，更严重的会影响工程后期施工。

产生预埋件质量问题的原因有以下几方面：

1）外购预埋件或自制预埋件未经验收合格，直接使用。

2）模具制作时遗漏预埋件定位孔、定位孔中心线位置偏移超差或预埋件定位模具高度超差。定位工装使用一定次数后出现变形，导致线盒内陷（上浮）等质量通病。

3）构件生产过程中生产人员及专检人员未对照设计图纸检查，导致预埋件规格使用错误、数量缺失、埋设高度超差或中心线位置偏移超差等问题发生。

因此，在生产过程中相关工作人员都要有责任心，确保预制构件产品质量。

3.1.3　后浇混凝土连接

预制构件的后浇混凝土连接（教学视频）

后浇混凝土是指预制构件安装后在预制构件连接区或叠合层现场浇筑混凝土。在装配式混凝土建筑中，基础、首层、裙楼、顶层等部位的现浇混凝土称为"现浇混凝土"；连接区和叠合部位的现浇混凝土称为"后浇混凝土"。

后浇混凝土是装配整体式混凝土结构非常重要的连接方式。到目前为止，世界上所有的装配整体式混凝土结构建筑都会有后浇混凝土。日本预制率最高的PC建筑鹿岛新办公楼，所有柱、梁连接节点都是套筒灌浆连接的，都没有后浇混凝土，但楼板依然是叠合楼板，依然有后浇混凝土。

后浇混凝土区域的钢筋连接是连接节点最重要的环节。后浇区钢筋连接方式可采用现浇结构钢筋连接方式，具体包括机械螺纹套筒连接、注胶套筒连接、钢筋搭接、钢筋焊接等。

预制混凝土构件与后浇混凝土的接触面须做成粗糙面或键槽面,以提高抗剪能力。试验表明,不计钢筋作用的平面、粗糙面和键槽面混凝土抗剪能力的比例关系是1:1.6:3,即粗糙面抗剪能力是平面的1.6倍,键槽面抗剪能力是平面的3倍。所以,预制构件与后浇混凝土接触面或做成粗糙面,或做成键槽面,或两者兼有。

《装规》规定:预制构件与后浇混凝土、灌浆料、坐浆材料的结合面应设置粗糙面、键槽,并应符合下列要求。

1)预制板与后浇混凝土叠合层之间的结合面应设置粗糙面。

2)预制梁与后浇混凝土叠合层之间的结合面应设置粗糙面;预制梁端面应设置键槽(图3.1.7)且宜设置粗糙面。键槽的尺寸和数量应按计算确定;键槽的深度t不宜小于30mm,宽度w不宜小于深度的3倍且不宜大于深度的10倍;键槽可贯通截面,当不贯通时槽口距离边缘不宜小于50mm;键槽间距宜等于键槽宽度;键槽端部斜面倾角不宜大于30°。

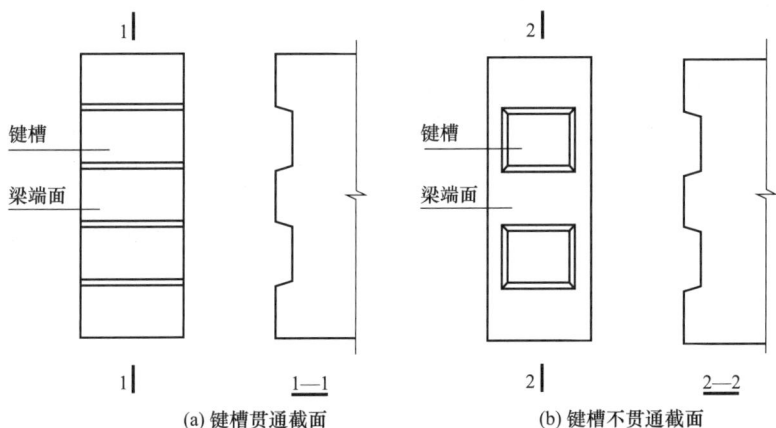

图3.1.7 梁端键槽构造示意图

3)预制剪力墙的顶部和底部与后浇混凝土的结合面应设置粗糙面;侧面与后浇混凝土的结合面应设置粗糙面,也可设置键槽;键槽深度t不宜小于20mm,宽度w不宜小于深度的3倍且不宜大于深度的10倍;键槽间距宜等于键槽宽度;键槽端部斜面倾角不宜大于30°。

4)预制柱的底部应设置键槽且宜设置粗糙面,键槽应均匀布置,键槽深度t不宜小于30mm,键槽端部斜面倾角不宜大于30°。

5)粗糙面的面积不宜小于结合面的80%,预制板的粗糙面凹凸深度不应小于4mm,预制梁端、预制柱端、预制墙端的粗糙面凹凸深度不应小于6mm。

粗糙面处理即通过外力使预制部件与后浇混凝土结合处变得粗糙、露出碎石等骨料,通常有3种方法:人工凿毛法、机械凿毛法、缓凝水冲法。

1）人工凿毛法：工人使用铁锤和凿子剔除预制部件结合面的表皮，露出碎石骨料，增加结合面的黏结粗糙度。该方法的优点是简单、易于操作；缺点是费工费时、效率低。

2）机械凿毛法：使用专门的小型凿岩机配置梅花平头钻，剔除结合面混凝土的表皮，增加结合面的黏结粗糙度。该方法的优点是方便快捷、机械小巧灵活、易于操作；缺点是操作人员的作业环境差，有粉尘污染。

3）缓凝水冲法：该方法是对混凝土结合面粗糙度处理的一种新工艺，指在部品构件混凝土浇筑前，将含有缓凝剂的浆液涂刷在模板壁上。浇筑混凝土后，利用已浸润缓凝剂的表面混凝土与内部混凝土的缓凝时间差，用高压水冲洗未凝固的表层混凝土，冲掉表面浮浆，露出骨料，形成粗糙的表面，过程如图3.1.8所示。该方法的优点是成本低、效果佳、效率高且易于操作。图3.1.9为采用缓凝水冲法处理的剪力墙边缘粗糙面。

(a)　　　　　　　　　(b)　　　　　　　　　(c)

图3.1.8　缓凝水冲法过程

图3.1.9　采用缓凝水冲法处理的剪力墙边缘粗糙面

3.1.4　螺栓连接

螺栓连接是用螺栓和预埋件将预制构件与预制构件或预制构件与主体结构进行连接。前面介绍的钢筋套筒灌浆连接、浆锚搭接连接、后浇混凝土连接都属于湿法连接，螺栓连接属于干法连接。

预制构件的螺栓
连接（教学视频）

1. 螺栓连接在装配整体式混凝土结构中的应用

在装配整体式混凝土结构中，螺栓连接仅用于外挂墙板和楼梯等非主体结构构件的连接。外挂墙板的安装节点都是螺栓连接，如图3.1.10所示，其具体节点构造将在3.5节进行介绍；楼梯与主体结构的连接方式之一是螺栓连接，如图3.1.11所示，具体楼梯安装节点构造将在第4章详细介绍。

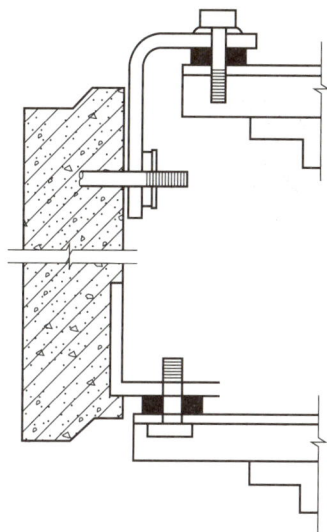

2. 螺栓连接在全装配式混凝土结构中的应用

螺栓连接是全装配式混凝土结构的主要连接方式，可以连接结构柱、梁。非抗震设计或低抗震设防烈度设计的低层或多层建筑，当采用全装配式混凝土结构时，可用螺栓连接主体结构。

欧洲一座全装配式混凝土框架结构建筑如图3.1.12所示，其柱、梁体系都用螺栓连接。螺栓连接柱如图3.1.13所示，螺栓连接墙板如图3.1.14所示。

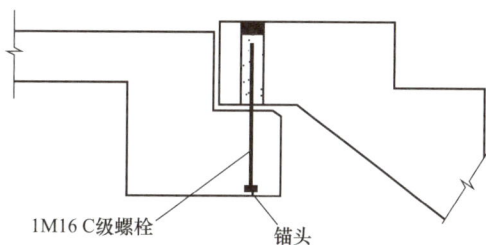

图3.1.10 外挂墙板螺栓连接示意图

1M16 C级螺栓　　　锚头

图3.1.11 楼梯螺栓连接

图3.1.12 螺栓连接的全装配式框架结构建筑

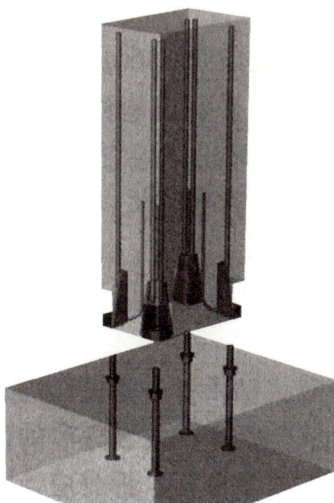

图3.1.13 螺栓连接柱

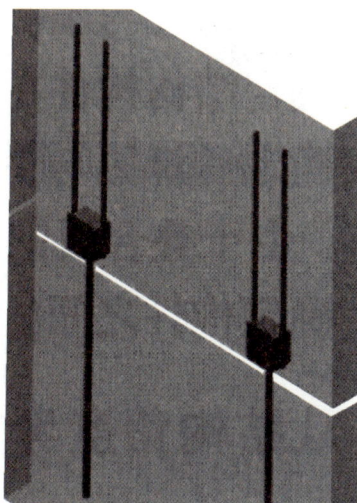

图3.1.14 螺栓连接墙板

3.1.5 焊接连接

焊接连接方式是在预制混凝土构件中预埋钢板，构件之间如钢结构一样用焊接方式连接。与螺栓连接一样，焊接连接方式在装配整体式混凝土结构中仅用于非结构构件的连接；在全装配式混凝土结构中可用于结构构件的连接。

焊接连接在混凝土结构建筑中应用较少，有的预制楼梯固定结点采用焊接连接方式，单层装配式混凝土结构厂房的吊车梁和屋顶预制混凝土桁架与柱连接也会用到焊接连接方式，钢结构建筑的构件连接也可能采用焊接连接方式。

焊接连接结点设计需要进行预埋件锚固设计和焊缝设计，应符合现行国家标准《混凝土结构设计规范（2015年版）》（GB 50010—2010）、《钢结构设计标准》（GB 50017—2017）和《钢结构焊接规范》（GB 50661—2011）的有关规定。

3.2 楼盖构造

3.2.1 概述

装配式混凝土建筑楼盖可采用叠合楼盖、全预制楼盖和现浇楼盖，这里仅介绍与装配式混凝土技术有关的叠合楼盖。叠合楼盖包括普通叠合楼板、带肋预应力叠合楼板、空心预应力叠合板、双T形预应力叠合楼板，全预制楼盖主要包括空心板和预应力空心板（SP板，指引进美国SPANCRETE公司的制造设备、工艺流程、专利技术和SP商标使用权生产的预应力混凝土空心板）。

叠合楼盖是预制底板与现浇混凝土叠合的楼盖。叠合楼盖的预制部分多为薄板，在预制构件加工厂完成。施工时吊装就位，现浇部分在预制板面上完成。预制薄板作为永久模板，同时作为楼板的一部分承担使用荷载，具有施工周期短、制作方便、构件质量较小的特点，其整体性和抗震性能较好。叠合楼盖结合了预制和现浇混凝土各自的优势，兼具现浇和预制楼盖的优点，能够节省模板支撑系统。

叠合楼盖也可做成"空心"叠合板，比较简单的办法是在桁架钢筋之间铺聚苯乙烯板，既作为顶面叠合层的模板，也提高了楼板的保温和隔声性能，如图3.2.1所示。普通叠合楼板是装配整体式混凝土建筑应用最多的楼盖类型。

图3.2.1　在桁架钢筋之间铺聚苯乙烯板形成"空心"板

普通叠合楼板按《装规》的规定，预制底板一般厚60mm，包括有桁架钢筋预制底板和无桁架钢筋预制底板。预制底板安装后绑扎叠合层钢筋，浇筑混凝土，形成整体受弯楼板，如图3.2.2所示。普通叠合楼板按《装规》的规定可做到6m长（日本最长做到9m），宽度一般不超过运输限宽，可做到3.5m，如果在工地预制，可适当增加宽度。普通叠合楼板适用于框架结构、框架–剪力墙结构、剪力墙结构、筒体结构等结构体系的装配式混凝土建筑，也可用于钢结构建筑。普通叠合楼板在欧洲、澳洲、日本、东南亚和中国等国家和地区应用广泛。

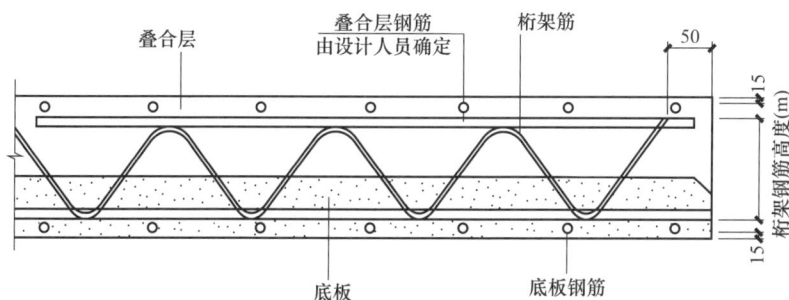

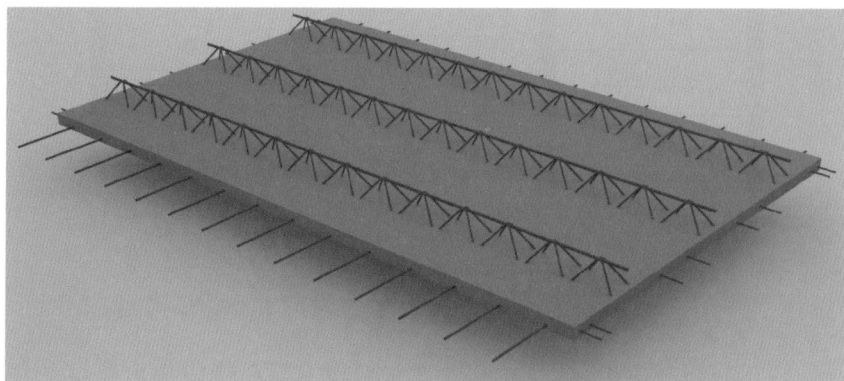

图3.2.2　钢筋桁架钢筋叠合楼板

知识拓展

弯曲构件叠合原理

混凝土叠合结构最初是为了解决全预制结构吊装能力不足，或者是为了解决现浇整体结构现场浇筑混凝土时施工模板支撑困难，或占用工期较长等施工问题而发展起来的。一般是指在预制的钢筋混凝土或预应力混凝土梁板上后浇混凝土所形成的两次浇筑混凝土结构，按其受力性能可以分为"一次受力叠合结构"和"二次受力叠合结构"两类。

若施工时预制底板吊装就位后，在其下设置可靠的支撑，施工阶段的荷载将全部由支撑承受，预制底板只起到叠合层现浇混凝土模板的作用，待叠合层现浇混凝土强度达到要求之后拆除支撑，由浇筑后形成的叠合板承受使用期的全部荷载，叠合板整个截面的受力是一次发生的，从而构成了"一次受力叠合板"。

若采用预应力SP板，则施工时预制SP板吊装就位后，不加支撑，直接以预制底板作为现浇层混凝土的模板并承受施工时的荷载，待其上的现浇层混凝土达到设计强度之后，再由预制部分和现浇部分形成的叠合板承受使用荷载，叠合板整个截面的应力状态是由两次受力产生的，便构成了"二次受力叠合板"。

以上两种叠合板都是预制混凝土与后浇混凝土协同工作才能使板或者梁产生更大强度，而预制构件又为现浇混凝土起到了支撑和模板作用。

3.2.2 普通叠合楼板的拆分原则

普通叠合楼板的拆分原则（教学视频）

在对楼盖进行设计时，考虑到楼盖的受力情况、经济跨度、运输、吊装等因素，楼板拆分应注意以下原则：

对于单向板，楼板拆分应在板的次要受力方向拆分，即板缝应当垂直于板的长边，如图3.2.3所示；对于双向板，应在板受力小的部位分缝，如图3.2.4所示。

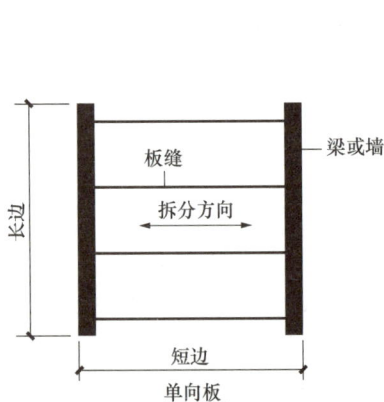

图3.2.3 板的拆分方向

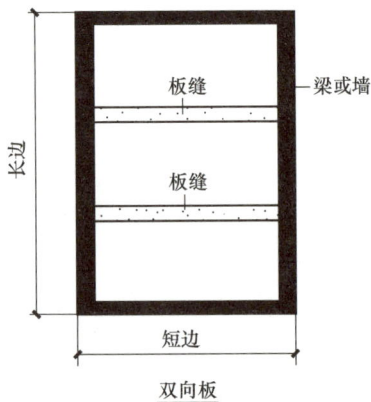

图3.2.4 板分缝适宜的位置

板的宽度不能超过运输超宽的限制和工厂生产线模台宽度的限制，一般不宜超过3.5m；为尽可能统一或减少板的规格，宜取相同宽度；对于有管线穿过的楼板，拆分时须考虑避免与钢筋或桁架钢筋的冲突；当顶棚无吊顶时，板缝应避开灯具、接线盒或吊扇位置。

3.2.3　单向板与双向板

叠合楼板设计分为单向板和双向板两种情况，根据接缝构造、支座构造和长宽比确定。《装规》规定：当预制板之间采用分离式接缝时，宜按单向板设计；对长宽比不大于3的四边支承叠合板，当其预制板之间采用整体式接缝或无接缝时，可按双向板设计。叠合楼板预制板的布置形式如图3.2.5所示。

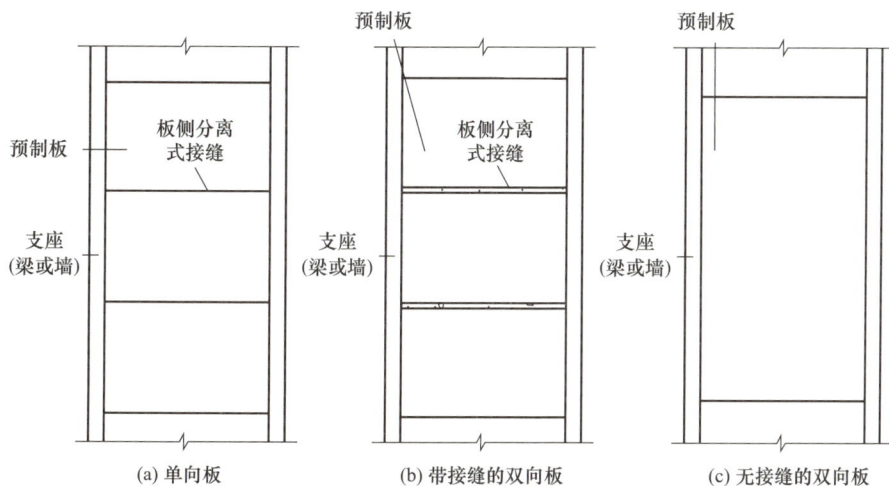

单向板与双向板
（教学视频）

图3.2.5　叠合楼板预制板的布置形式

3.2.4　叠合楼盖（板）接缝构造

根据受力情况，可以将板与板之间的连接接缝分为分离式接缝和整体式接缝。其中，分离式接缝板与板之间不传递弯矩，故采用分离式接缝的板均为单向板；采用整体式接缝连接的板，可以传递弯矩，故可以按照无接缝整间板的方式判断板的受力类型。

单向板板侧的分离式接缝宜配置附加钢筋，如图3.2.6所示。接缝处紧邻预制板顶面宜设置垂直于板缝的附加钢筋，附加钢筋伸入两侧后浇混凝土叠合层的锚固长度不应小于15d（d为附加钢筋直径）；附加钢筋截面面积不宜小于预制板中该方向钢筋面积，钢筋直径不宜小于6mm，间距不宜大于250mm。

双向板板侧的整体式接缝处由于有应变集中情况，宜将接缝设置在叠合板的次要受力方向上，且宜避开最大弯矩截面，如图3.2.7所示。接缝可采用后浇带形式，接缝后浇带宽度不宜小于200mm。

叠合楼板识图
（教学视频）

叠合板接缝构造
（教学视频）

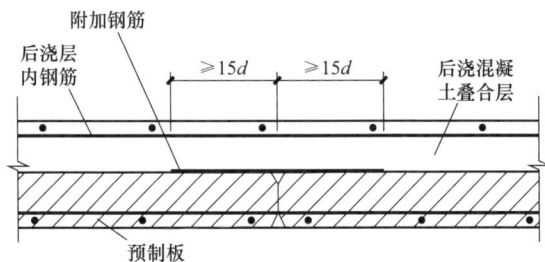

图3.2.6　单向板板侧分离式接缝构造示意图

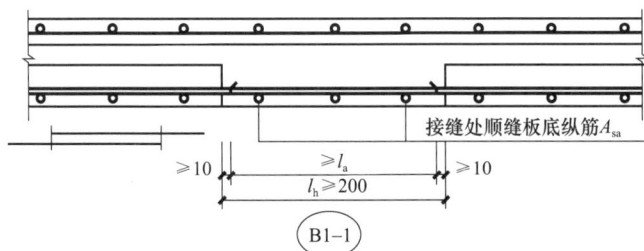

(a) 后浇带形式接缝(一)
(板底纵筋直线搭接)

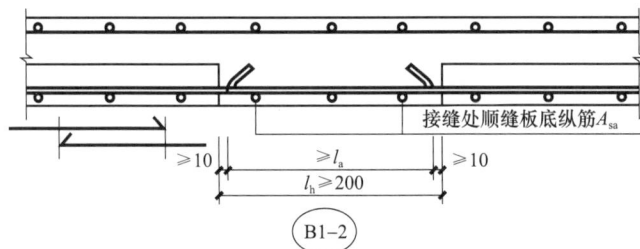

(b) 后浇带形式接缝(二)
(板底纵筋末端带135°弯钩搭接)

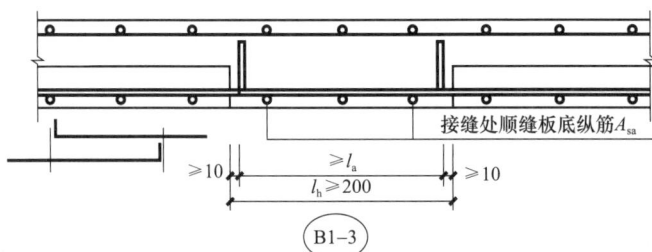

(c) 后浇带形式连接(三)
(板底纵筋末端带90°弯钩搭接)

图3.2.7　双向板板缝构造示意图

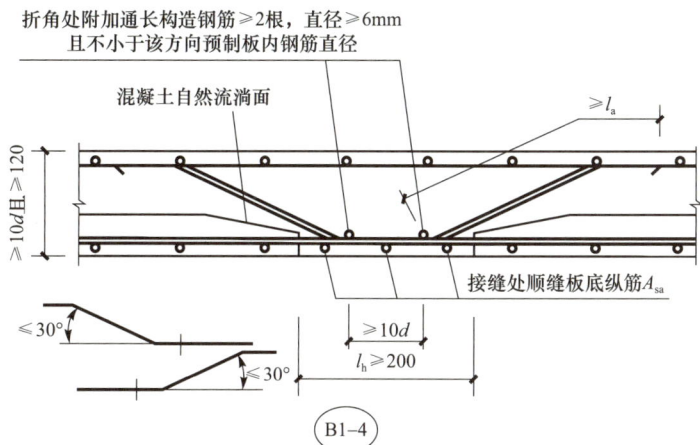

(d) 后浇带形式连接(四)
(板底纵筋弯折锚固)

A_{sa}—接缝处顺缝板底纵筋面积；l_a—受拉钢筋锚固长度；l_h—叠合板后浇带接缝宽度；d—钢筋直径。

图3.2.7（续）

根据《装配式混凝土结构连接节点构造（楼盖结构和楼梯）》（15G310-1），后浇带两侧板底纵向受力钢筋可在后浇带中焊接、搭接连接、弯折锚固等，如图3.2.7所示。

其中，《装规》推荐采用板底纵筋在后浇带中弯折锚固的方式[图3.2.7（d）]，并提出了相应的要求：叠合板厚度不应小于10d（d为弯折钢筋直径的较大值），且不应小于120mm；垂直于接缝的板底纵向受力钢筋配置量宜按计算结果增大15%配置；接缝处预制板侧伸出的纵向受力钢筋应在后浇混凝土叠合层内锚固，且锚固长度不应小于l_a；两侧钢筋在接缝处重叠的长度不应小于10d，钢筋弯折角度不应大于30°，弯折处沿接缝方向应配置不少于2根通长构造钢筋，且直径不应小于该方向预制板内钢筋直径。

3.2.5　叠合楼盖支座构造

叠合楼盖边角宜做成45°倒角。单向板和双向板的上部都做成倒角，一是为了保证连接节点钢筋保护层厚度，二是为了避免后浇段混凝土转角部位应力集中（图3.2.8）。单向板下部边角做成倒角是为了便于接缝处理。

叠合楼盖支座构造
（教学视频）

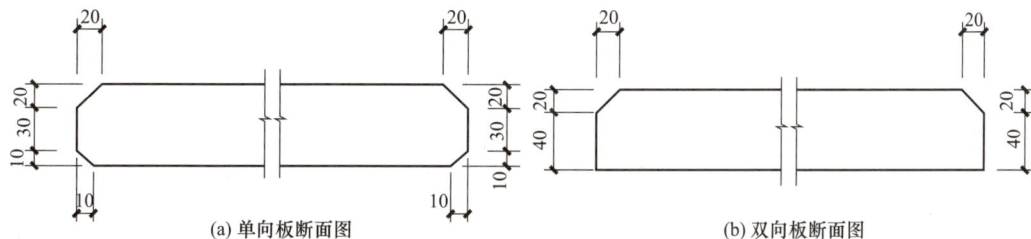

图3.2.8　叠合楼盖边角构造

同板与板接缝类似，根据叠合楼盖是否将板端弯矩传递到支座，可以将叠合楼盖支座分为板端支座和板侧支座。

对于板端支座，由于需要传递弯矩，需要将预制板内的纵向受力钢筋从板端伸出并锚入支撑梁或墙的后浇混凝土中，锚固长度不应小于15d（d为纵向受力钢筋直径），且宜伸过支座中心线，如图3.2.9（a）所示。

对于板侧支座，当预制板内的板底分布钢筋深入支承梁或墙的后浇混凝土中时，应按前一种类型即板端支座处钢筋锚固；对于单向板长边支座，为了加工及施工方便，板底分布钢筋可不伸入支座，但宜在紧邻预制板顶面的后浇混凝土叠合层中设置附加钢筋，以保证楼面的整体性及连续性。附加钢筋截面面积不宜小于预制板内的同向分布钢筋面积，间距不宜大于600mm，在板的后浇混凝土叠合层内锚固长度不应小于15d（d为附加钢筋直径），在支座内锚固长度不应小于15d且宜伸过支座中心线，如图3.2.9（b）所示。

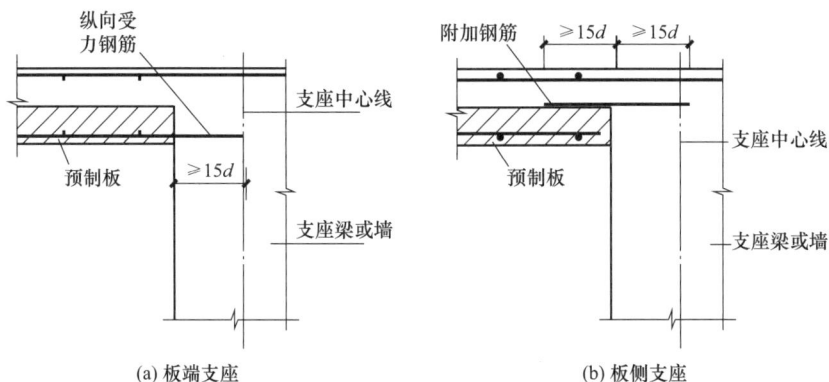

(a) 板端支座　　　　　　(b) 板侧支座

图3.2.9　叠合楼盖板端支座和板侧支座构造示意图

对于双向板，由于荷载向两个方向传递，因此双向板的每一边都是端支座，不存在板侧支座；对于单向板，荷载主要沿短边方向传递，故其短边方向为板端支座，负弯矩钢筋伸入支座做直角锚固，下部钢筋伸入支座中心线处，而其长边方向几乎不传递荷载，故可以按照板侧支座考虑，只需在板上配置附加钢筋即可。

对于中间支座，即墙或板两边均有叠合板，需要考虑多种情况：墙或梁的两侧是单向板还是双向板，支座对于两侧的板是板端支座还是板侧支座。无论是哪种情况，中间支座的构造设计应考虑以下几个原则：上部负弯矩钢筋伸入支座不用转弯，而是与另一侧板的负弯矩钢筋共用一根钢筋；底部伸入支座的钢筋与板端支座或板侧支座一样伸入即可；如果支座两边的板支座都是单向板侧边支座，则连接钢筋合为一根，如图3.2.10所示；如果有一个板支座不是单向板侧边支座，则与板侧支座图3.2.9（b）相同，伸到中心线位置即可。

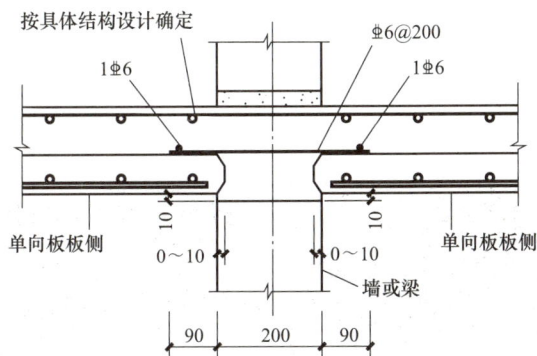

图3.2.10 单向板侧边中间支座构造

3.2.6 其他构造规定

叠合楼盖的桁架钢筋如图3.2.11所示，其应满足下列要求：桁架钢筋应沿主要受力方向布置，距板边不应大于300mm，间距不宜大于600mm；桁架钢筋弦杆钢筋直径不宜小于8mm，腹杆钢筋直径不应小于4mm；桁架钢筋弦杆混凝土保护层厚度不应小于15mm。

叠合楼盖其他构造
要求（教学视频）

当叠合梁未设置桁架钢筋时，在下列情况下，叠合楼盖的预制与后浇混凝土叠合层之间应设置抗剪构造钢筋，以增加预制板的整体刚度和水平界面抗剪性能。

1）单向板跨度大于4.0m时，距支座1/4跨范围内。

2）双向板短向跨度大于4.0m时，距四边支座1/4短跨范围内。

3）悬挑板的上部纵向受力钢筋在相邻叠合板的后浇混凝土锚固范围内。

(a) 立面图   (b) 剖面图

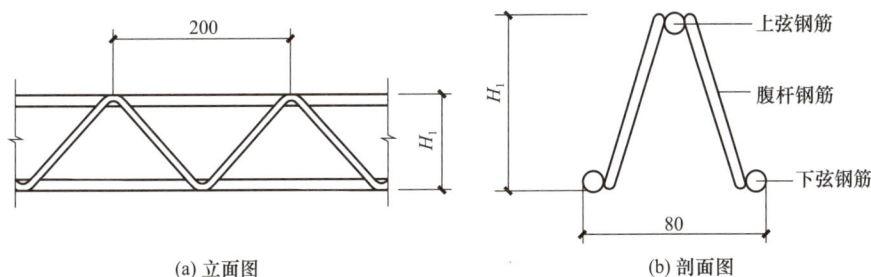

H_1—桁架钢筋高度。

图3.2.11 桁架钢筋示意图

知识拓展

本节主要介绍了装配式混凝土叠合楼板的一些构造要求。建筑工业化进程的不断加快，对楼板的跨度、隔声、隔热有了更高的要求。下面简单介绍一些新型的叠合楼板。

1. 预应力叠合楼板

预应力叠合楼板与普通叠合楼板的不同之处在于预制底板为先张法预应力板，预应力板的断面形状有带肋板、空心板、双T形板，如图3.2.12所示。

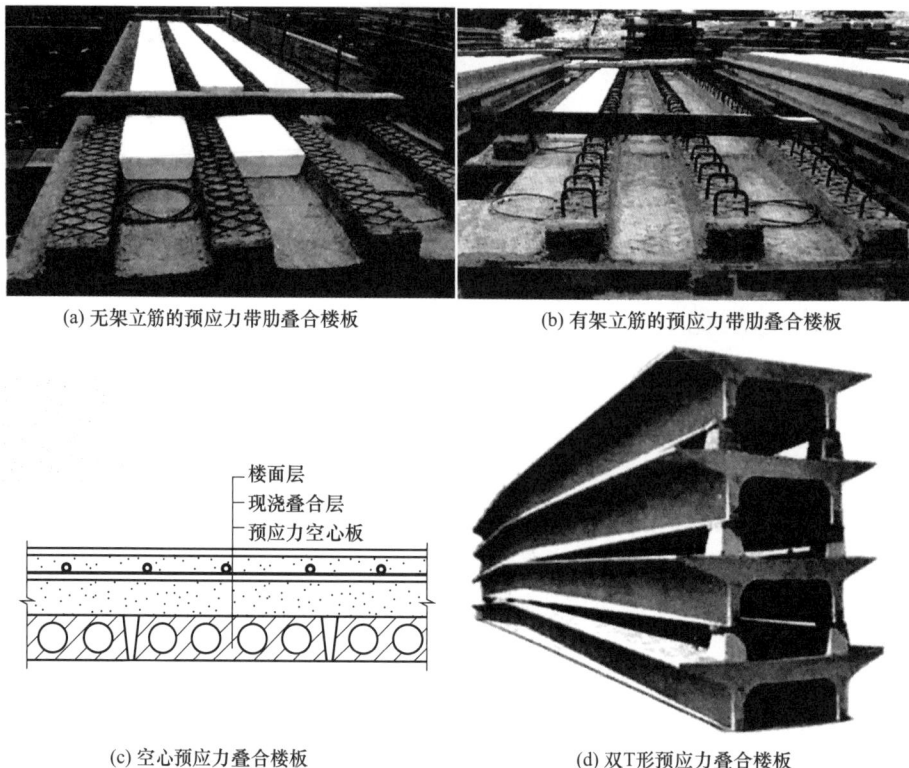

(a) 无架立筋的预应力带肋叠合楼板　　　　　　(b) 有架立筋的预应力带肋叠合楼板

(c) 空心预应力叠合楼板　　　　　　　　(d) 双T形预应力叠合楼板

图3.2.12　预应力叠合楼板类型

预应力叠合楼板的跨度比普通叠合楼板大，在我国，普通叠合楼板跨度可做到6m（日本是9m），带肋预应力叠合楼板可做到12m（日本是16m）；空心预应力叠合楼板可做到18m；双T形预应力叠合楼板可做到24m。

预应力叠合楼板多用于大柱网的柱、梁结构体系。剪力墙结构楼板跨度较小，因此较少使用预应力叠合楼板。

2. 日本带肋预应力叠合楼板和双槽形预应力叠合楼板

日本PC建筑9m以上大跨度楼盖多用倒T形预应力叠合楼板，板长最多可做到16m。

日本带肋预应力叠合楼板的预制底板为标准化板，板宽2000mm，板厚42.6mm，肋净距330mm，肋顶宽170mm，预应力张拉平台、设备和肋的固定架都是标准化的。肋高（从板上面到肋顶面高度）有3种规格，即75mm、95mm、115mm，后浇筑叠合层高度依据设计确定。

带肋预应力叠合楼板的钢绞线布置在肋中，板配置直径3.2mm的镀锌钢丝网。叠合楼板板肋之间可在现场浇筑混凝土填实。较厚的板也可以填充聚苯乙烯板，浇筑叠合层后，即形成"空心"叠合楼板，既减轻板重，又有助于保温、隔声，如图3.2.13所示。

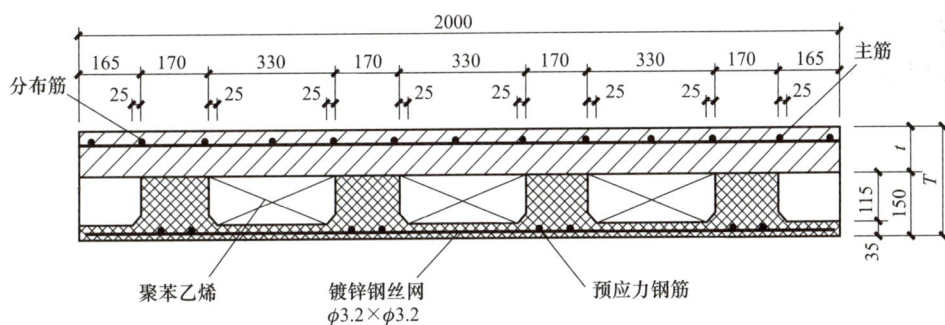

t—现浇层厚度；T—叠合楼板总厚度。

图3.2.13　带肋预应力叠合楼板

日本双槽形预应力叠合楼板为标准化产品，有150mm和180mm两种高度，板宽1m，后浇叠合层高度根据设计确定，如图3.2.14所示。

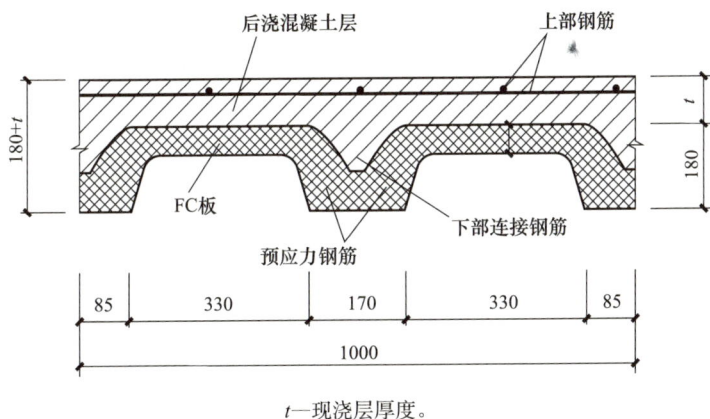

t—现浇层厚度。

图3.2.14　日本双槽形预应力叠合楼板

3.3　梁柱构造

3.3.1　概述

柱梁结构体系，特别是框架结构是各国装配式建筑中采用最多的结构体系。柱梁结构体系也是装配式技术最为成熟的结构体系，不仅办公楼、商业建筑大量采用，住宅项目也大量采用。

本节主要介绍行业标准关于装配整体式框架结构的梁、柱构造要求。首先，介绍梁柱体系的拆分方案，然后具体介绍梁与梁连接、主次梁连接、梁柱连接、柱与柱连接等的构造要求。

3.3.2　梁柱体系拆分方案

装配整体式框架结构拆分是设计的关键环节。拆分基于多方面因素，包括建筑功能性和艺术性、结构合理性、制作运输安装环节的可行性和便利性等。拆分不仅是技术工作，也包含对约束条件的调查和经济分析。拆分应当由建筑、结构、预算、工厂、运输和安装各个环节技术人员协作完成。拆分工作应包含以下内容。

1）确定现浇与预制的范围、边界。

2）确定结构构件在哪个部位拆分。

3）确定后浇区与预制构件之间的关系，包括相关预制构件的关系。

4）确定构件之间的拆分位置，如柱、梁、墙、板构件的分缝处等。

这里就梁柱体系结构拆分并结合日本某项目的经验做具体介绍，其他结构的拆分不再赘述。

装配整体式框架结构地下室与一层宜现浇，与标准层差异较大的裙楼也宜现浇，最顶层楼板应现浇。其他楼层结构构件拆分原则如下：

1）装配整体式框架结构中预制混凝土构件的拆分位置宜在构件受力最小的区域，且依据套筒的种类、结构弹塑性分析结果（塑性铰位置）来确定。除此之外，还应考虑生产能力、道路运输情况、吊装能力及施工方便等条件。

2）梁拆分位置可以设置在梁端，也可以设置在梁跨中。拆分位置在梁端时，梁纵向钢筋套筒连接位置距离柱边不宜小于$1.0h$（h为梁高），不应小于$0.5h$（考虑塑性铰，塑性铰区域内存在套管连接，不利于塑性铰转动）。

3）柱拆分位置一般设置在楼层标高处，底层柱拆分位置应避开柱脚塑性铰区域，每根预制柱长度可为1层、2层或3层层高。

根据以上原则，下面介绍日本鹿岛建设公司归纳的常用梁柱体系拆分方法（图3.3.1）。

在PC梁柱结合部位，拆分时，每根预制柱的长度为1层层高，连接套筒预埋在柱底；梁按照一个柱距为单位预制，梁主筋连接通常是在柱距的中心部位进行后浇筑混凝土，钢筋连接方式为注浆套筒连接，也可采用机械套筒连接。

梁柱一体化三维PC构件拆分方法如图3.3.2所示，考虑到三维构件运输困难，可选择在现场预制。日本通常的做法是在工厂单独生产柱、梁，然后将其运至现场后组装成三维构件。还可以采取另外一种方法，即外部框架用三维PC构件，内部框架在工厂制造莲藕形PC构件，如图3.3.3所示。

(a) 正视图

(b) 平面图

(c) 立体示意图

(d) 三维图

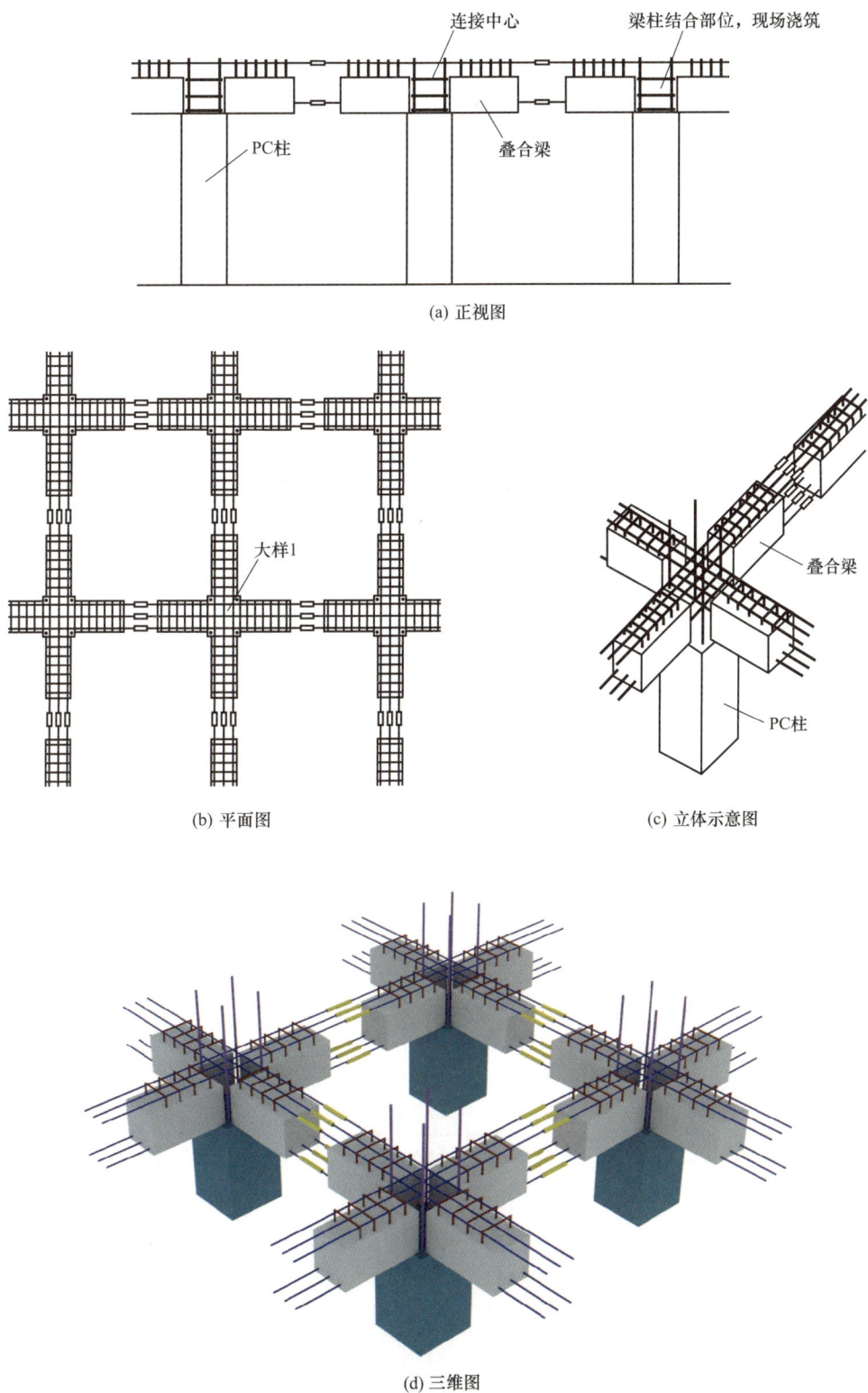

图3.3.1　常规梁、柱体系拆分法

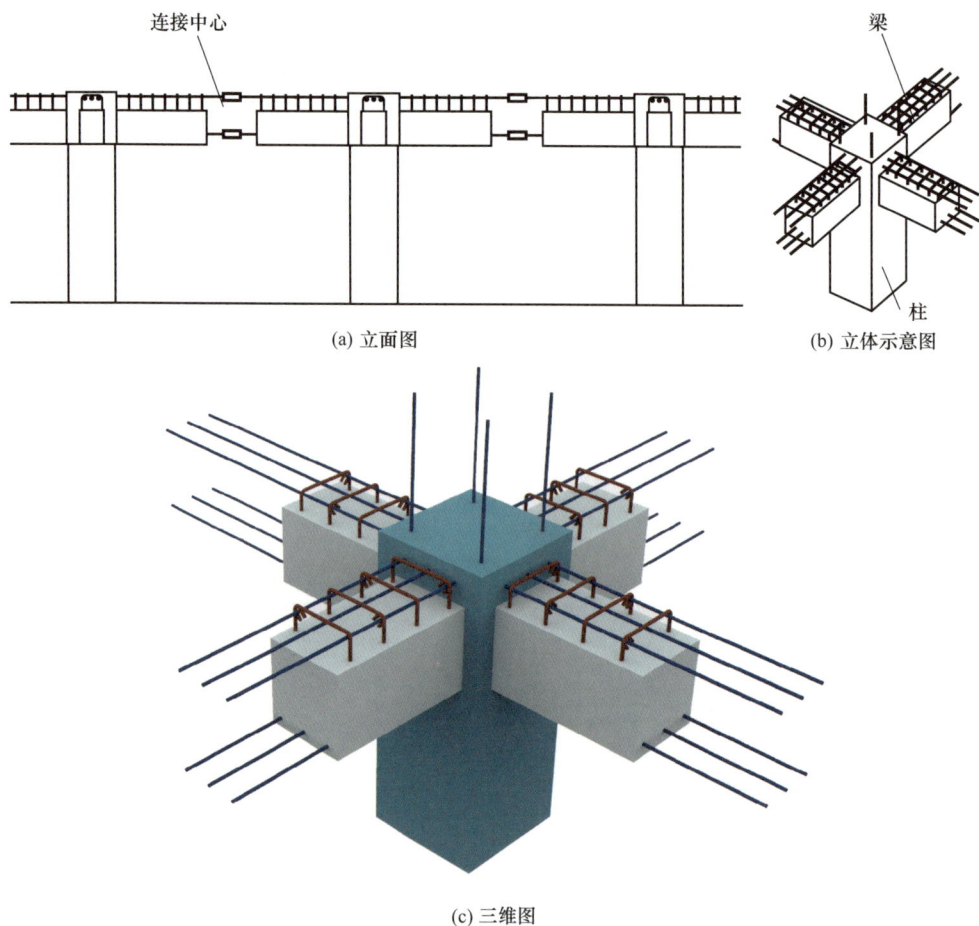

(a) 立面图

(b) 立体示意图

(c) 三维图

图3.3.2　梁柱一体化三维PC构件拆分方法

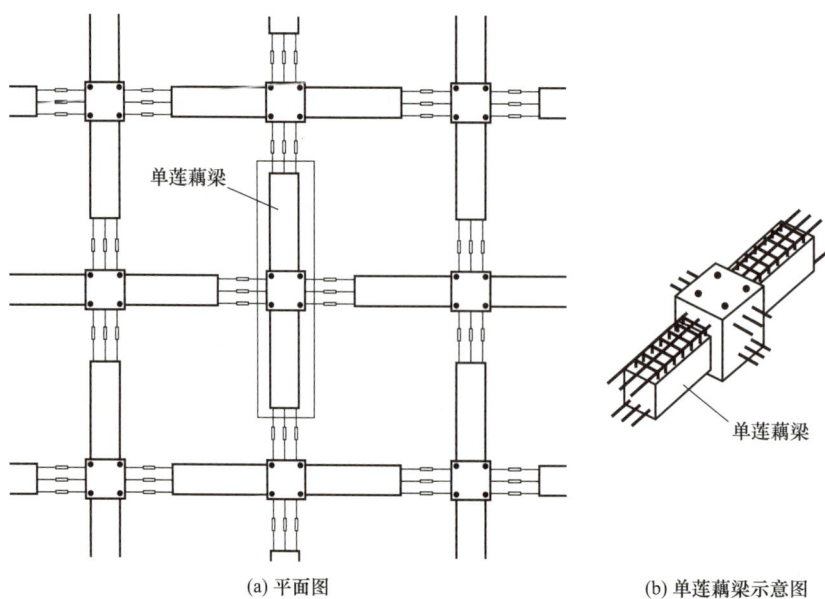

(a) 平面图

(b) 单莲藕梁示意图

图3.3.3　单莲藕梁拆分法

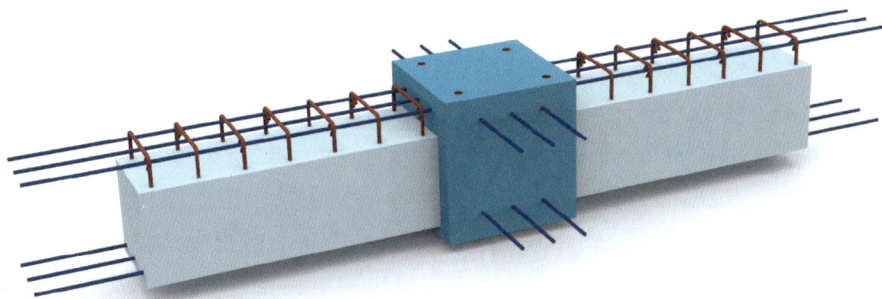

(c) 三维图

图3.3.3（续）

　　要进行工厂预制，就必须考虑运输问题，单向一维的梁构件不存在问题，但是当遇到双向二维交叉"十"字形梁结构时，必须把"十"字形梁的一侧长度调整到运输车辆的车宽以下。也就是说，只能把由梁与楼板连接区域至梁主筋的突出长度缩短，梁主筋的连接位置会因此调整成为梁的端部。梁在预制柱顶部用套筒连接拆分方法，如图3.3.4所示。

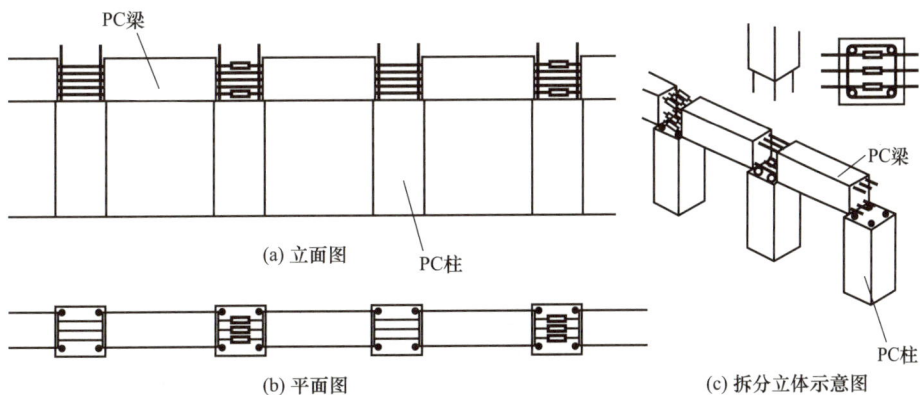

(a) 立面图

(b) 平面图

(c) 拆分立体示意图

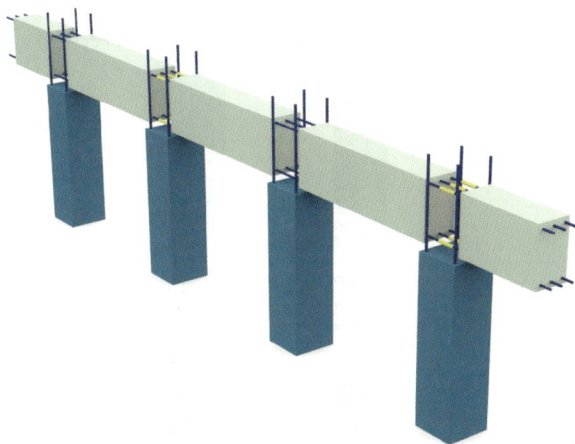

(d) 三维图

图3.3.4　梁在预制柱顶部用套筒连接拆分方法

应用梁端部连接，2层层高1节柱的拆分方法如图3.3.5所示。框架结构PC柱交替制成2层1节。通过连接柱之间的两跨为一体的莲藕梁及楼板连接区域一体化的PC构件，可以取得合理的拆分效果。梁的连接部位为每跨1个，而柱的连接部位则为每2层1个。其与普通的PC拆分法相比，可以减少一半的连接套筒使用量，因此比较经济。同时，PC构件的数量减少，施工速度得到了提高，但每个构件单体质量会增大，因此需要适当地提高塔式起重机的吊装能力。

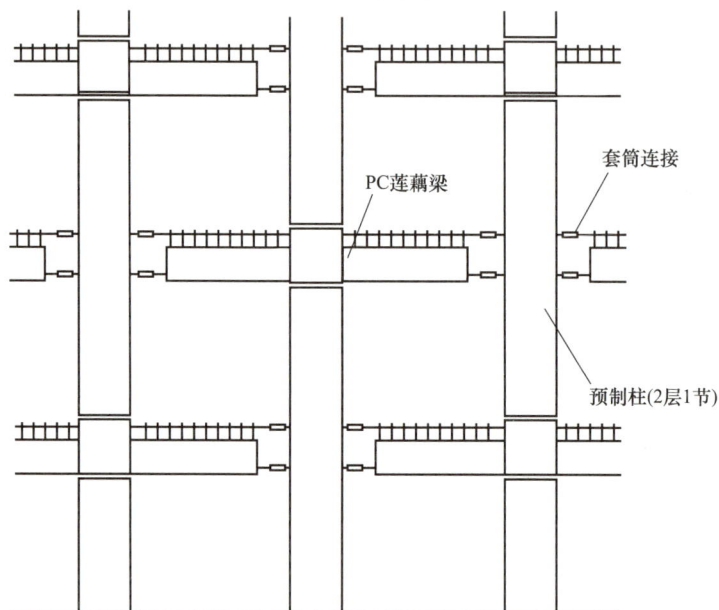

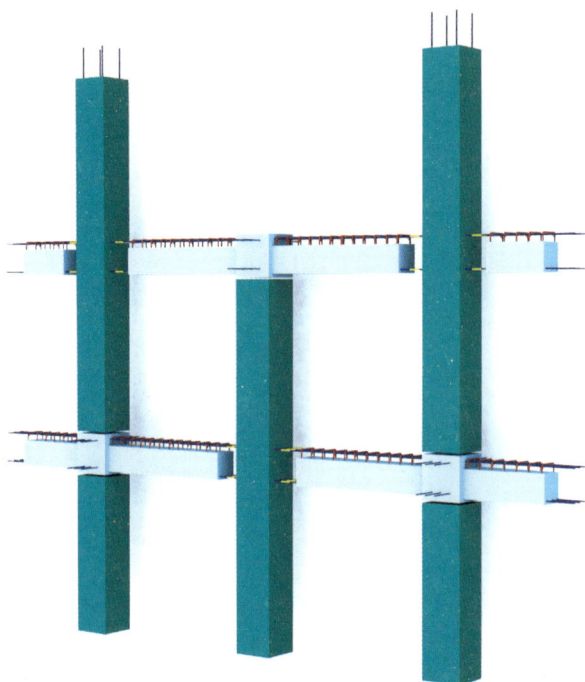

图3.3.5　2层层高1节柱拆分方法

3.3.3 梁柱结构构造要求

1. 叠合梁后浇混凝土

在装配整体式框架结构中，常将预制梁做成矩形或凹形截面。首先在预制厂内完成预制梁的制作，然后在施工现场将预制楼板搁置在预制梁上（预制楼板和预制梁下需设临时支撑）。安装就位后，再浇筑梁上部的混凝土使楼板和梁连接成整体，即成为装配整体式结构中分两次浇捣混凝土的叠合梁（图3.3.6）。这种做法充分利用了钢材的抗拉性能和混凝土的受压性能，结构的整体性较好，施工简单方便。

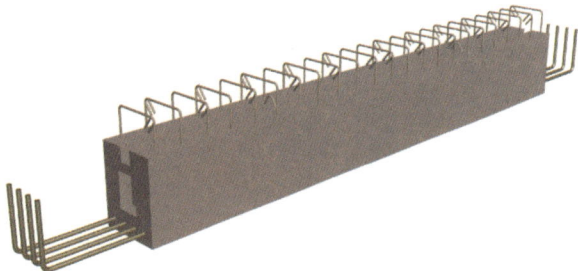

图3.3.6 叠合梁

预制混凝土叠合梁的梁截面一般有两种，分为矩形截面预制梁和凹口截面预制梁，如图3.3.7所示。装配整体式框架结构中，当采用叠合梁时，预制梁端的粗糙面凹凸深度不应小于6mm，框架梁的后浇混凝土叠合层厚度不宜小于150mm，如图3.3.7（a）所示；次梁的后浇混凝土叠合板厚度不宜小于120mm；当采用凹口截面预制梁时，凹口深度不宜小于50mm，凹口边厚度不宜小于60mm，如图3.3.7（b）所示。

框架结构构造要求
（教学视频）

当叠合板的总厚度小于叠合梁的后浇混凝土叠合层厚度要求时，预制部分可采用凹口截面形式，增加梁的后浇层厚度。预制梁也可采用其他截面形式，如倒T形截面或传统的花篮梁形式等。

为提高叠合梁的整体性能，使预制梁与后浇层之间有效地结合为整体，预制梁与后浇混凝土、灌浆料、坐浆材料的结合面应设置粗糙面，预制梁端面应设置键槽。

2. 叠合梁箍筋要求

叠合梁端箍筋加密区的箍筋可分为整体封闭箍筋和组合封闭箍筋，如图3.3.8所示。组合封闭箍筋是指由U形的上开口箍筋和箍筋帽共同组合形成的组合封闭箍筋，组合封闭箍筋便于提升现场钢筋安装效率与质量。当采用整体封闭箍筋不便安装上部纵筋时，可采用组合封闭箍筋。组合封闭箍筋的整体抗震性能没有整体封闭箍筋好，故《装规》对叠合梁的箍筋配置做出了相应要求：抗震等级为一、二级的叠合梁的梁端箍筋加密区宜采用整体封闭箍筋；采用组合封闭箍筋的形式时，开口箍筋上方应做成135°弯钩。非抗震设计时，弯钩端头平直段长度不应小于5d（d为箍筋直径）；抗震设计时，弯钩端头平直段长度不应小于10d。

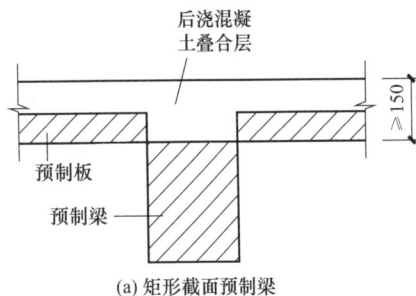

(a) 矩形截面预制梁

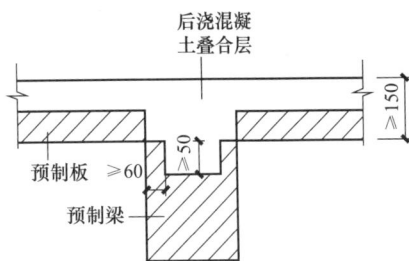

(b) 凹口截面预制梁

图3.3.7　混凝土叠合梁截面示意图

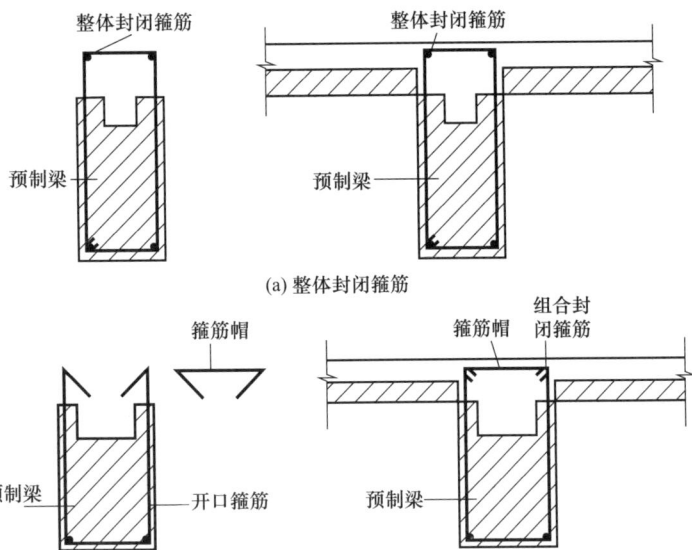

(a) 整体封闭箍筋

(b) 组合封闭箍筋

图3.3.8　叠合梁箍筋构造示意图

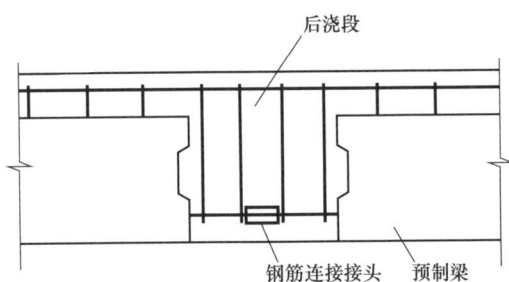

图3.3.9　叠合梁对接连接示意图

3．叠合梁对接连接

根据拆分情况可知，有些拆分方案会存在预制梁在跨中连接的情况，《装规》对叠合梁对接连接（图3.3.9）做了如下规定：

1）连接处应设置后浇段，后浇段的长度应满足梁下部纵向钢筋连接作业的空间需求。

2）梁下部纵向钢筋在后浇段内宜采用机械连接、钢筋套筒灌浆连接或焊接连接。

3）后浇段内的箍筋应加密，箍筋间距不应大于5d（d为纵向钢筋直径），且不应大于100mm。

4．叠合主次梁连接

叠合主梁与次梁采用后浇段连接时，应符合下列规定：

1）在端部节点处，次梁下部纵向钢筋伸入主梁后浇段内的长度不应小于12d，次梁上部纵向钢筋应在主梁后浇段内锚固，当采用弯折锚固或锚固板时，锚固直段长度不应小于0.6l_{ab}，如图3.3.10（a）所示；当钢筋应力不大于钢筋强度设计值的50%时，锚固直段长度不应小于0.35l_{ab}；弯折锚固的弯折后直段长度不应小于12d（d为纵向钢筋直径）。

2）在中间节点处，两侧次梁的下部纵向钢筋伸入主梁后浇段内长度不应小于12d（d为纵向钢筋直径），次梁上部纵向钢筋应在现浇层内贯通，如图3.3.10（b）所示。

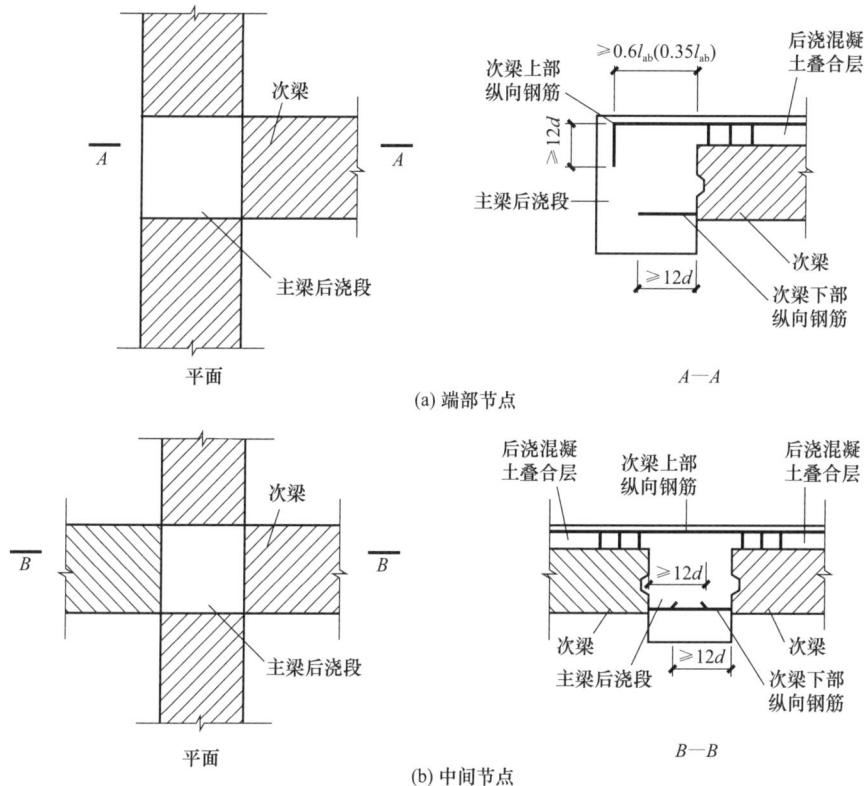

(a) 端部节点

(b) 中间节点

l_{ab}—钢筋的基本锚固长度。

图3.3.10 叠合主次梁的节点连接构造

5. 预制柱连接

预制柱连接节点通常为湿式连接，当房屋高度不大于12m或层数不超过3层时，柱纵向钢筋可采用钢筋套筒灌浆、浆锚搭接、焊接等方式连接；当房屋高度大于12m或层数超过3层时，宜采用钢筋套筒灌浆连接，如图3.3.11所示。

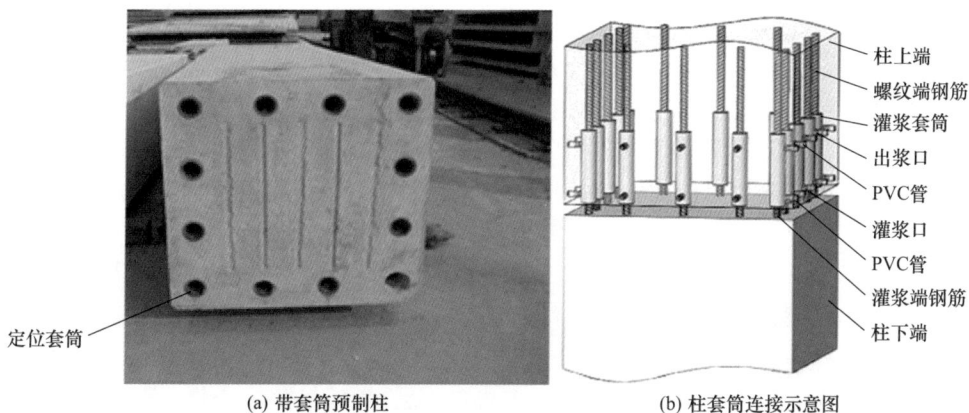

(a) 带套筒预制柱

(b) 柱套筒连接示意图

图3.3.11 采用钢筋套筒灌浆湿式连接的预制柱

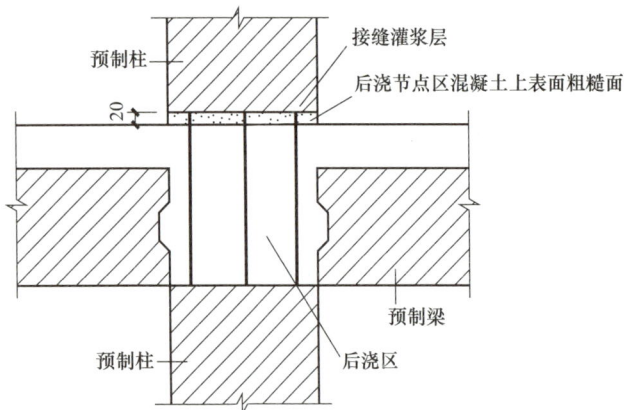

图3.3.12　预制柱底接缝构造

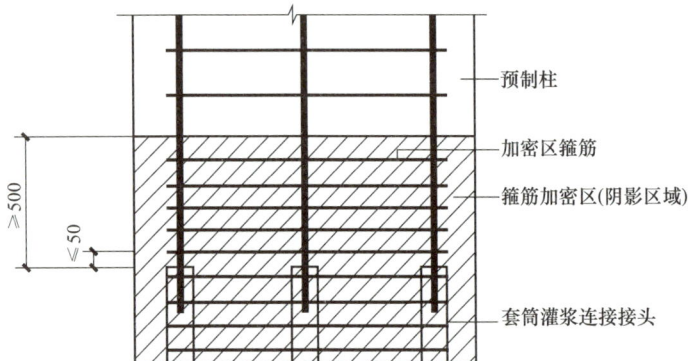

图3.3.13　套筒灌浆连接柱底箍筋加密区域构造

采用预制柱及叠合梁的装配整体式框架中，柱底接缝宜设置在楼面标高处，后浇节点区混凝土上表面应设置粗糙面，柱纵向受力钢筋应贯穿后浇节点区，如图3.3.12所示。柱底接缝厚度宜为20mm，并采用灌浆料填实。

采用预制柱及叠合梁的装配整体式框架节点，梁纵向受力钢筋应伸入后浇节点区内锚固或连接。上下预制柱采用钢筋套筒连接时，考虑到套筒连接区域柱截面刚度及承载力较大，柱的塑性铰区域可能会上移至套筒连接区域以上，故《装规》规定，在套筒长度+500mm的范围内，在原设计箍筋间距的基础上加密箍筋，如图3.3.13所示。

6. 梁柱连接

梁柱纵向钢筋在后浇节点区间内采用直线锚固、弯折锚固或机械锚固方式时，其锚固长度应符合《混凝土结构设计规范（2015年版）》（GB 50010—2010）中的有关规定。当梁柱纵向钢筋采用锚固板时，应符合《钢筋锚固板应用技术规程》（JGJ 256—2011）中的有关规定。

采用预制柱及叠合梁的装配式框架节点，梁纵向受力钢筋应伸入后浇节点区域内锚固或连接，并应符合下列规定。

1）对框架中间层中节点，节点两侧的梁下部纵向受力钢筋宜锚固在后浇节点区内，可采用90°弯折锚固，也可采用机械连接或焊接的方式直接连接，如图3.3.14所示；梁的上部纵向受力钢筋应贯穿后浇节点区。

2）对框架中间层边节点，当柱截面尺寸不满足梁纵向受力钢筋的直线锚固要求时，应采用锚固板锚固，也可采用90°弯折锚固，如图3.3.15所示。

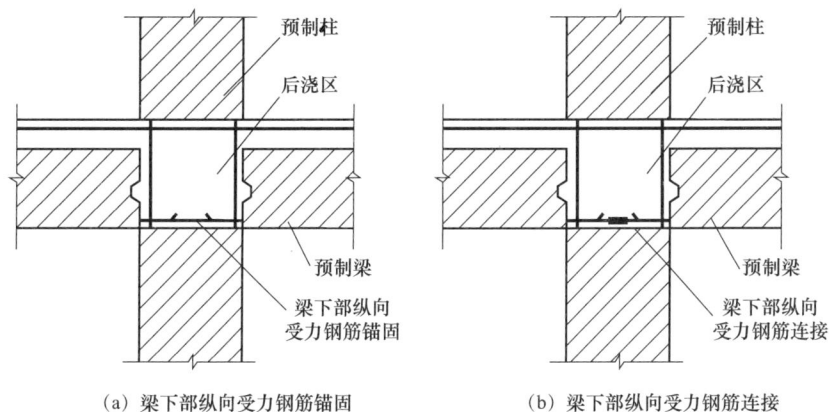

（a）梁下部纵向受力钢筋锚固　　　　（b）梁下部纵向受力钢筋连接

图3.3.14　预制柱及叠合梁框架中间层中节点构造

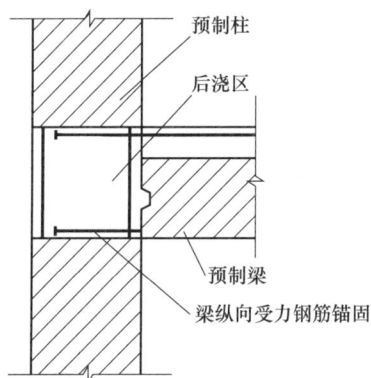

图3.3.15　预制柱及叠合梁框架中间层边节点构造

3）对框架顶层中节点，梁纵向受力钢筋的构造应符合第1）条框架中层中节点中关于梁纵向受力钢筋的构造的规定。柱纵向受力钢筋宜采用直线锚固；当梁截面尺寸不满足直线锚固要求时，宜采用锚固板锚固，如图3.3.16所示。

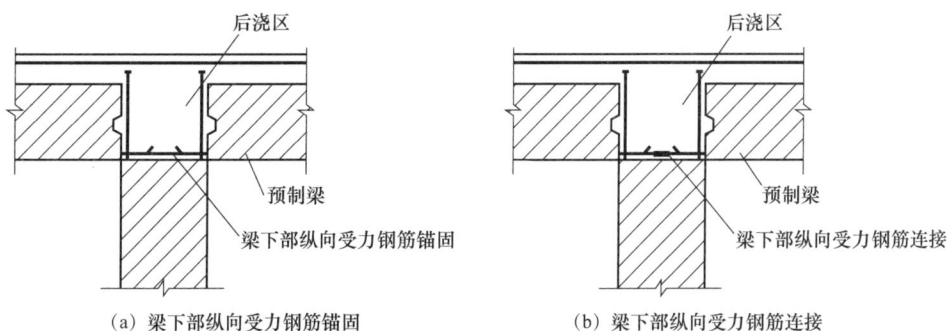

（a）梁下部纵向受力钢筋锚固　　　　（b）梁下部纵向受力钢筋连接

图3.3.16　预制柱及叠合梁框架顶层中节点构造

4）对框架顶层端节点，梁下部纵向受力钢筋应锚固在后浇节点区内，且宜采用锚固板的锚固方式。梁柱等其他纵向受力钢筋的锚固应符合下列规定：

① 柱宜伸出屋面并将柱纵向受力钢筋锚固在伸出段内，伸出段长度不宜小于500mm，伸出段内箍筋间距不应大于5d（d为柱纵向受力钢筋直径），且不应大于100mm；柱纵向受力钢筋宜采用锚固板锚固，锚固长度不应小于40d；梁上部纵向受力钢筋宜采用锚固板锚固。如图3.3.17（a）所示。

② 柱外侧纵向受力钢筋也可与梁上部纵向受力钢筋在后浇节点区搭接，如图3.3.17（b）所示，其构造要求应符合《混凝土结构设计规范（2015年版）》（GB 50010—2010）中的规定；柱内侧纵向受力钢筋宜采用锚固板锚固。

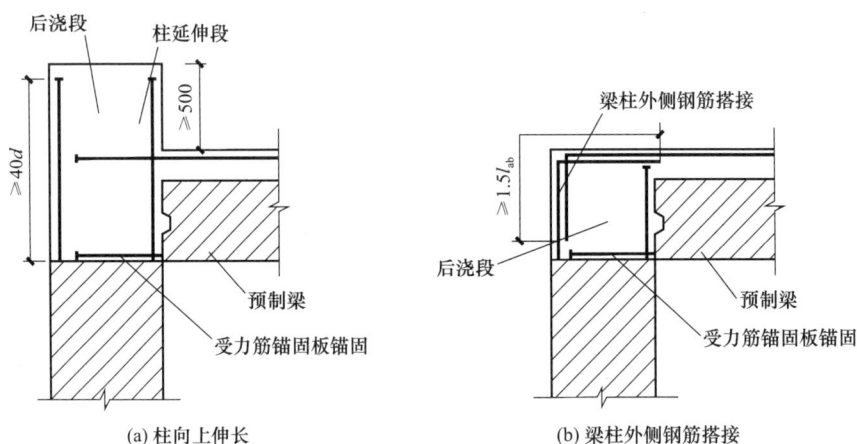

(a) 柱向上伸长

(b) 梁柱外侧钢筋搭接

l_{ab}—钢筋基本锚固长度。

图3.3.17　预制柱及叠合梁框架顶层端节点构造

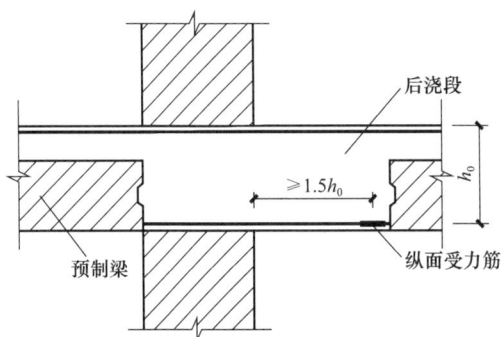

图3.3.18　梁下部纵向受力钢筋在节点区外的后浇段内连接

5）采用预制柱及叠合梁的装配整体式框架节点，考虑到梁柱节点区域空间狭小，不利于钢筋连接，同时节点区域内钢筋布置较多，不利于混凝土充分振捣，因此可以将梁下部纵向受力钢筋延伸至节点区外的后浇段内连接，连接接头与节点区的距离不应小于1.5h_0（h_0为梁截面有效高度），如图3.3.18所示。

3.4 装配整体式剪力墙构造

3.4.1 概述

剪力墙结构是我国多层和高层住宅常用的结构形式，但国外应用不多，关于装配整体式剪力墙结构建筑的研究、试验和经验比较少。国内对于装配整体式剪力墙结构建筑应用时间较短，研究和经验也较少，因此，《装规》中关于整体装配式剪力墙结构建筑的规定比较慎重。剪力墙结构的混凝土构件预制还有许多研发课题和试验工作需要深入，是我国装配式混凝土建筑发展最需要攻克的堡垒。

本节将介绍装配整体式剪力墙结构的基本构造，主要是针对高层剪力墙结构建筑。重点介绍《装规》中关于装配整体式剪力墙结构的设计规定，对各地方标准关于装配整体式剪力墙结构设计的不同之处也会简单介绍，内容包括装配整体式剪力墙结构类型、剪力墙拆分设计原则、剪力墙一般构造、双面叠合剪力墙构造。

3.4.2 装配整体式剪力墙结构类型

装配整体式剪力墙结构墙体构件竖向连接方式包括灌浆连接、后浇筑混凝土连接和型钢焊接（或螺栓连接）连接。

灌浆连接方式又分为套筒灌浆连接和浆锚搭接连接两种；后浇混凝土连接方式包括双面叠合连接、预制圆孔板连接两种；型钢焊接（或螺栓连接）只有一种方式（型钢混凝土剪力墙）。

因此，装配整体式剪力墙结构类型目前有5种。这5种装配整体式剪力墙结构中，灌浆连接和后浇混凝土连接以及墙体构件的水平连接（竖缝）都采用湿式连接，即后浇筑混凝土连接方式；型钢混凝土剪力墙则采用干式连接，采用钢板预埋件焊接。

下面对5种装配整体式剪力墙结构类型的连接方式做简要介绍。

1. 套筒灌浆连接剪力墙

套筒灌浆连接方式是装配式混凝土建筑应用最多也最成熟的连接方式，在柱、梁结构体系中柱的连接采用较多。套筒灌浆连接可以是构件之间直接连接，也可以与后浇筑混凝土连接。目前，国内剪力墙结构套筒灌浆连接多在构件之间坐浆或采用水平后浇带（图3.4.1），构件之间直接连接的情况较少。

装配整体式剪力墙结构（教学视频）

灌浆剪力墙构造要求（教学视频）

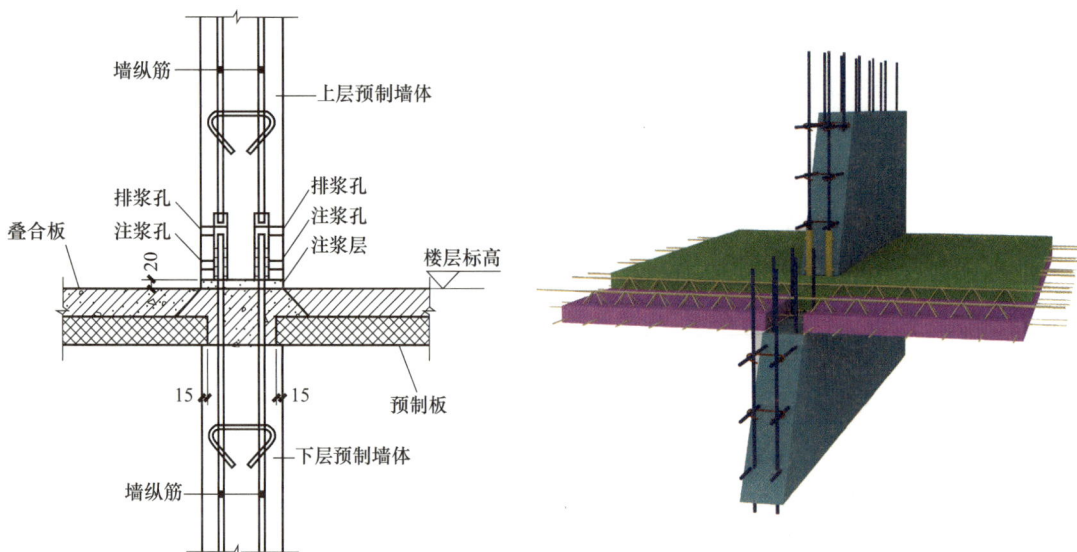

图3.4.1　剪力墙套筒灌浆连接

2. 浆锚搭接连接剪力墙

浆锚搭接连接用于装配整体式剪力墙结构是我国特有的做法，包括螺旋筋约束和波纹管成孔两种方式，除搭接节点与套筒灌浆不同外，连接节点的其他构造与套筒灌浆连接相同。

3. 双面叠合剪力墙

双面叠合剪力墙结构源于欧洲。预制墙板是2层60mm厚的钢筋混凝土板用桁架钢筋连接，板之间为100mm的空心层，现场安装后，上下构件的竖向钢筋在空心层内布置、搭接，然后浇筑混凝土形成实心板，如图3.4.2所示。双面叠合剪力墙不需要套筒灌浆连接或浆锚连接，具有整体性好，板的两面光洁等特点。

4. 预制圆孔板剪力墙

预制圆孔板剪力墙是在墙板中预留圆孔，即做成圆孔空心板。现场安装后，上下构件的竖向钢筋网片在圆孔内布置、搭接，然后在圆孔内浇筑微膨胀混凝土形成实心板，如图3.4.3所示。与双面叠合剪力墙类似，预制圆孔板剪力墙不需要套筒或浆锚连接，板的两面光洁。

5. 型钢混凝土剪力墙

型钢混凝土剪力墙结构是在预制墙板的边缘构件设置型钢，拼缝位置设置钢板预埋件，型钢和钢板预埋件在拼缝位置采用焊接或螺栓连接的装配式剪力墙结构，如图3.4.4所示。

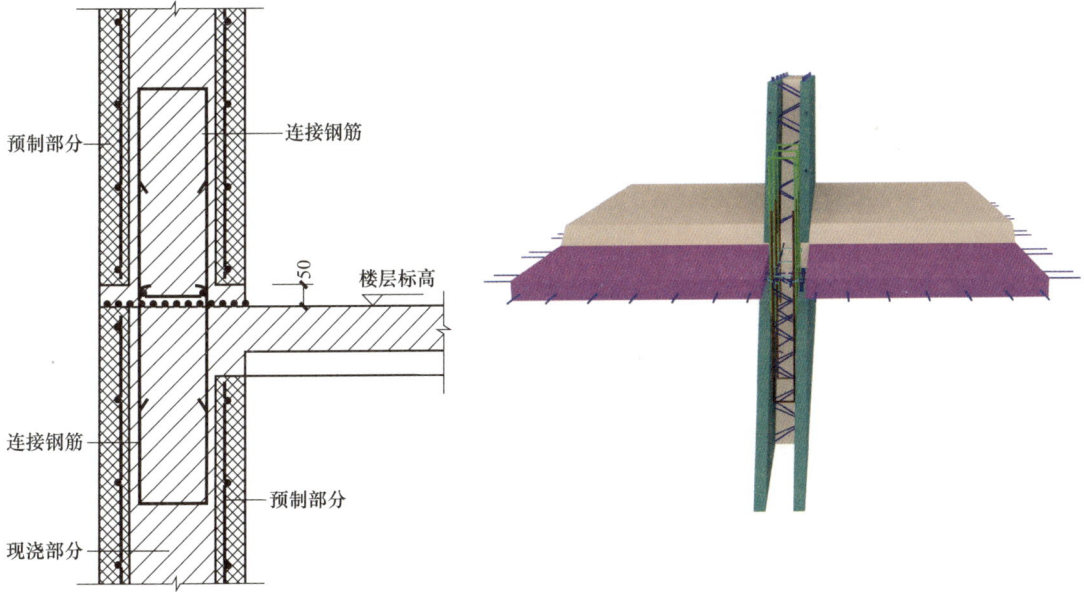

图3.4.2 双面叠合剪力墙连接

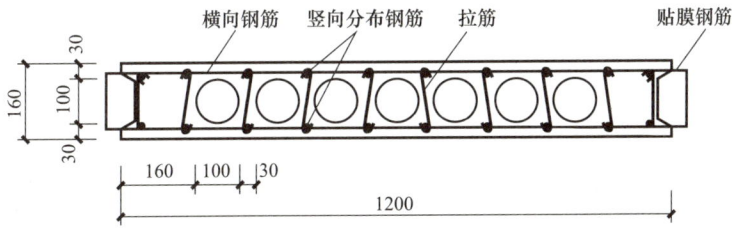

图3.4.3 预制圆孔板剪力墙连接

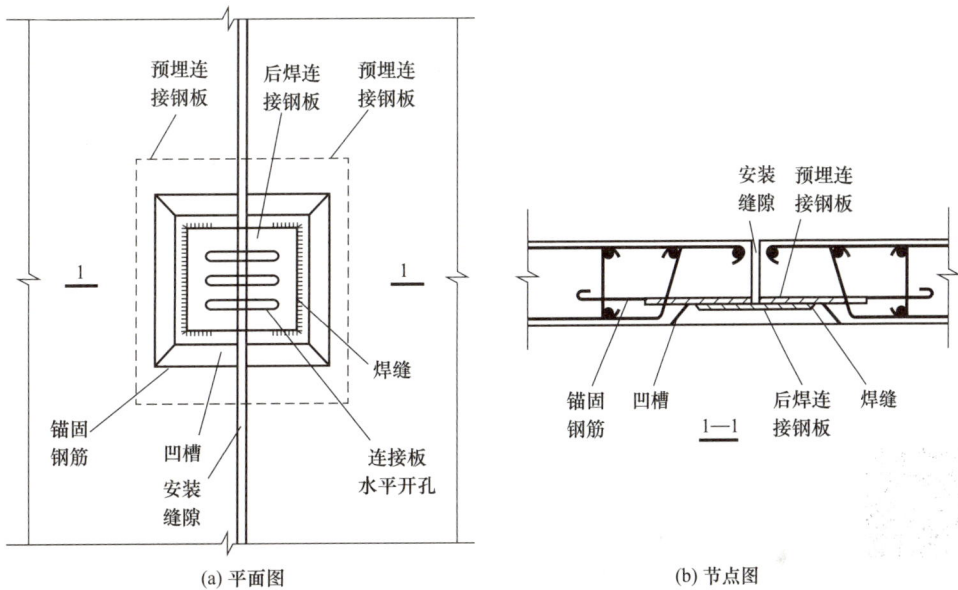

(a) 平面图

(b) 节点图

图3.4.4 型钢混凝土剪力墙连接

装配整体式剪力墙结构连接类型见表3.4.1。

表3.4.1　装配整体式剪力墙结构连接

竖向连接类型 （水平缝）	名称		水平连接 （竖缝）	标准
灌浆连接	套筒灌浆连接剪力墙		后浇筑混凝土	国家行业标准
	浆锚搭接连接剪力墙	约束螺旋筋	后浇筑混凝土	国家行业标准
		波纹管	后浇筑混凝土	国家行业标准
后浇筑混凝土	双面叠合剪力墙		后浇筑混凝土	地方标准
	预制圆孔板剪力墙		后浇筑混凝土	地方标准
焊接或锚栓连接	型钢混凝土剪力墙		焊接或锚栓连接	地方标准

3.4.3　预制剪力墙结构拆分设计原则

剪力墙拆分设计
原则（教学视频）

关于梁柱结构体系拆分的总体原则，3.3.2节已做了介绍，这里就剪力墙结构拆分做具体说明。

《装规》规定，在结构重要和薄弱位置宜采用现浇结构，具体包括：①高层装配整体式剪力墙结构底部加强部分的剪力墙；②采用部分框支剪力墙结构时，框支层及相邻上一层剪力墙结构；③带转换层的装配整体式剪力墙结构中的转换梁、转换柱。

预制剪力墙宜按建筑开间和进深尺寸划分，高度不宜大于层高；预制墙板的划分还应考虑预制构件制作、运输、吊运、安装的尺寸限制。

预制剪力墙的拆分应符合模数协调原则，优化预制构件的尺寸和形状，减少预制构件的种类。

预制剪力墙的竖向拆分宜在各层层高处进行。

预制剪力墙的水平拆分应保证门窗洞口的完整性，便于部品标准化生产。

预制剪力墙结构最外部转角应采取加强措施，当不满足设计的构造要求时可采用现浇构件。

3.4.4　预制剪力墙一般构造

1. 预制剪力墙一般构造要求

剪力墙一般构造
要求（教学视频）

《装规》对预制剪力墙的构造要求做出了具体规定，具体包括以下内容：

1）预制剪力墙宜采用"一"字形，也可采用L形、T形或U形；开洞预制剪力墙洞口宜居中布置，洞口两侧的墙肢宽度不应小于200mm，洞口上方连梁高度不宜小于250mm。

2）预制剪力墙的连梁不宜开洞；当需开洞时，洞口宜预埋套管，洞口上、下截面的有效高度不宜小于梁高的1/3，且不宜小于200mm；被洞口削弱的连梁截面应进行承载力验算，洞口处应配置补强纵向钢筋和箍筋，补强纵向钢筋的直径不应小于12mm。

3）预制剪力墙开有边长小于800mm的洞口且在结构整体计算中不考虑其影响时，应沿洞口周边配置补强钢筋；补强钢筋的直径不应小于12mm，截面面积不应小于同方向被洞口截断的钢筋面积；该钢筋自孔洞边角算起伸入墙内的长度，非抗震设计时不应小于l_a，抗震设计时不应小于l_{aE}，如图3.4.5所示。

4）端部无边缘构件的预制剪力墙，宜在端部配置2根直径不小于12mm的竖向构造钢筋；沿该钢筋竖向应配置拉筋，拉筋直径不宜小于6mm，间距不宜大于250mm。

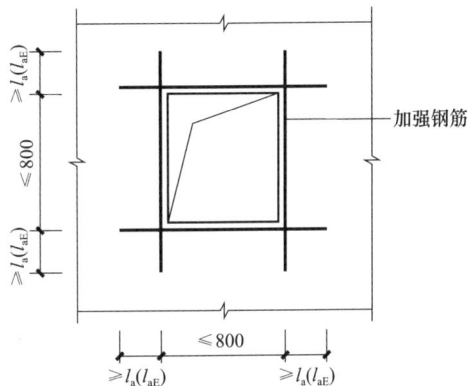

l_a—钢筋计算锚固长度；l_{aE}—抗震时钢筋计算锚固长度。

图3.4.5 预制剪力墙洞口补墙钢筋配置示意图

2. 相邻预制剪力墙竖缝连接设计

预制剪力墙构件的连接节点设计应满足结构承载力和抗震性能要求，宜构造简单，受力明确，方便施工。

《装规》规定：楼层内相邻预制剪力墙之间应采用整体式接缝连接，且应符合下列规定：当接缝位于纵横墙交接处的约束边缘构件区域时，约束边缘构件的阴影区域宜全部采用后浇混凝土，如图3.4.6所示，并应在后浇段内设置封闭箍筋；当接缝位于纵横墙交接处的构造边缘构件位置时，构造边缘构件宜全部采用后浇混凝土，如图3.4.7所示；当仅在一面墙上设置后浇段时，后浇段的长度不宜小于300mm，如图3.4.8所示。

边缘构件内的配筋及构造要求应符合现行国家标准《建筑抗震设计规范（附条文说明）（2016年版）》（GB 50011—2010）的有关规定；预制剪力墙的水平分布筋在后浇段内的锚固、连接应符合现行国家标准《混凝土结构设计规范（2015年版）》（GB 50010—2010）的有关规定。

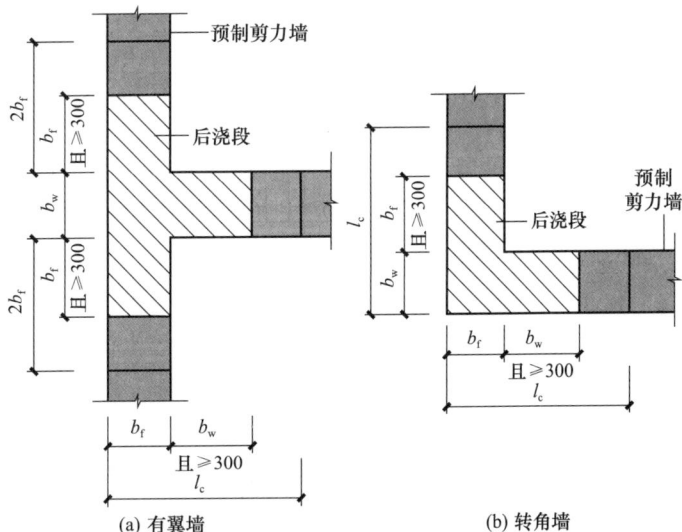

(a) 有翼墙   (b) 转角墙

b_f—翼缘宽度；b_w—腹板宽度；l_c—约束边缘构件沿墙肢的长度。

图3.4.6 约束边缘构件阴影区域全部后浇构造

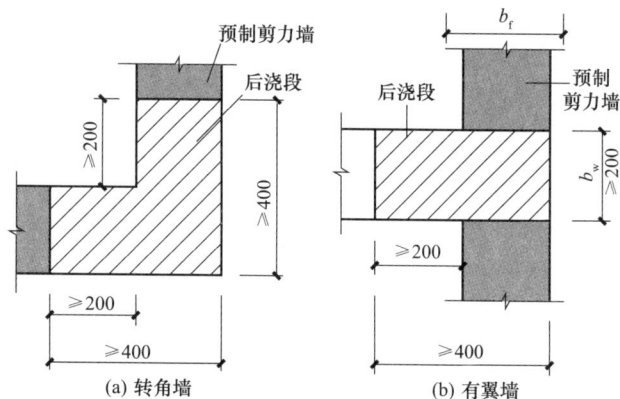

图3.4.7 构造边缘构件全部后浇构造（阴影区域为构造边缘构件范围）

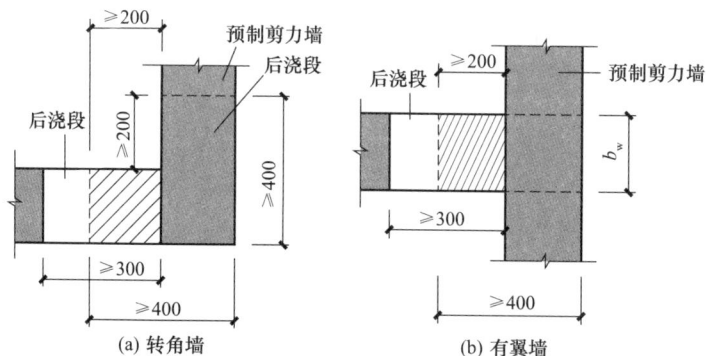

图3.4.8 构造边缘构件部分后浇构造（阴影区域为构造边缘构件范围）

　　非边缘构件位置，相邻预制剪力墙之间应设置后浇段，后浇段的宽度不应小于墙厚且不宜小于200mm；后浇段内应设置不少于4根竖向钢筋，钢筋直径不应小于墙体竖向分布筋直径且不应小于8mm；两侧墙体的水平分布筋在后浇段内的锚固、连接应符合现行国家标准《混凝土结构设计规范（2015年版）》（GB 50010—2010）的有关规定。

　　相邻剪力墙竖缝位置的确定首先要尽量避免拼缝对结构整体性能的影响，还要考虑建筑功能和艺术效果，以及便于生产、运输和安装。当主要采用"一"字形墙板构件时，拼缝通常位于纵横墙面交接处的边缘构件位置，边缘构件是保证剪力墙抗震性能的重要构件，《装规》建议宜全部或者大部分采用现浇混凝土。若边缘构件的一部分现浇，一部分预制，则应采取可靠连接措施，保证现浇与预制部分共同组成叠合式边缘构件。

　　对于约束边缘构件，《装规》建议阴影区域宜采用现浇，竖向钢筋均可配置在现浇拼缝内，且在现浇拼缝内配置封闭箍筋及拉筋，预制墙板中的水平分布筋在现浇拼缝内锚固，具体构造可参考图3.4.9。如果阴影区域部分预制，则竖向钢筋可部分配置在现浇拼缝内，部分配置在预制段内；预制段内的水平钢筋和现浇拼缝内的水平钢筋需通过搭接、焊接等措施形成封闭的环箍，并满足国家现行相关规范的配箍率要求。

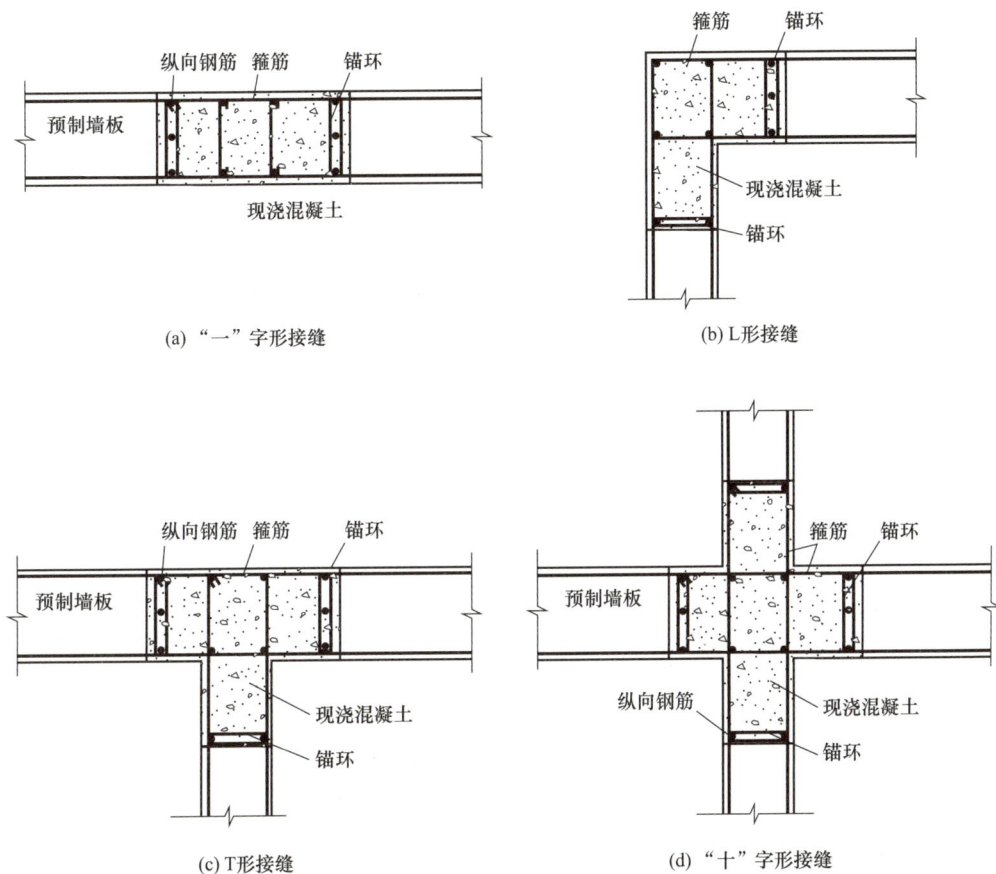

图3.4.9　预制剪力墙与现浇边缘构件接缝连接构造

3. 相邻预制剪力墙水平缝连接设计

预制剪力墙水平接缝宜设置在楼面标高处，接缝高度宜为20mm，接缝处宜采用坐浆料填实，预制剪力墙接缝处宜设置粗糙面。

对于上下层预制剪力墙的竖向钢筋，当采用钢筋套筒灌浆连接或浆锚搭接时，应符合下列规定：

1）边缘构件竖向钢筋应逐根连接。由于边缘构件是保证剪力墙抗震性能的重要构件，而且钢筋较粗，因此要求每根钢筋应逐一连接。

2）预制剪力墙的竖向分布钢筋可采用部分连接，如图3.4.10所示，被连接的同侧钢筋间距不应大于600mm，且在剪力墙构件承载力设计和分布钢筋配筋率计算中不得计入不连接的分布钢筋；不连接的竖向分布钢筋直径不应小于6mm。

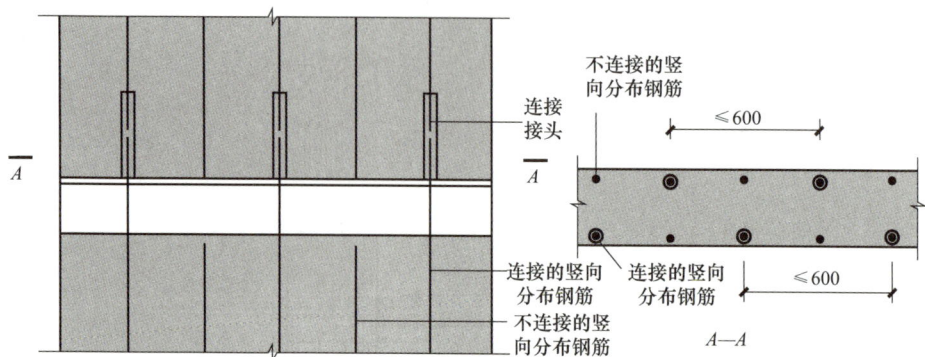

图3.4.10　预制剪力墙竖向分布钢筋连接构造

3）一级抗震等级剪力墙以及二、三级抗震等级底部加强部位，剪力墙的边缘构件竖向钢筋宜采用钢筋套筒灌浆连接。

4）预制剪力墙相邻下层为现浇剪力墙时，预制剪力墙与下层现浇剪力墙中竖向钢筋的连接应符合前述规定，下层现浇剪力墙顶面应设置粗糙面。

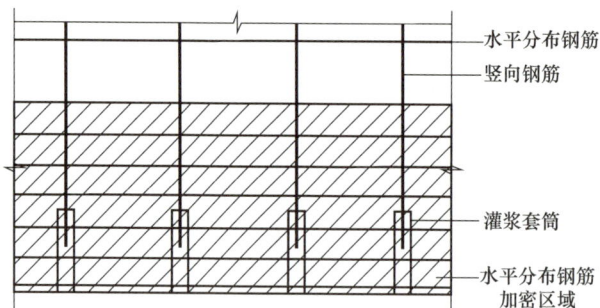

图3.4.11　叠合剪力墙连接

5）上下层剪力墙采用钢筋套筒连接时，在套筒长度+300mm的范围内，在原设计箍筋间距的基础上加密箍筋，见图3.4.11。加密区水平分布钢筋的最大间距及最小直径应符合表3.4.2的规定，套筒上端第一道水平分布钢筋距离套筒顶部不应大于50mm。

表3.4.2　加密区水平分布钢筋的要求　　　　单位：mm

抗震等级	最大间距	最小直径
一级、二级	100	8
三级、四级	150	8

3.4.5　双面叠合剪力墙构造

1．一般规定

双面叠合剪力墙结构应从结构布置、连接构造等方面保证结构具有足够的承载能力、适当的刚度和良好的延性，应避免因部分结构或构件的破坏而导致整个结构丧失承受重力荷载、风荷载和地震作用的能力。

预制叠合墙板的混凝土强度等级不宜低于C35，不应低于C30，现浇墙体的混凝土强度等级不宜低于C30。

双面叠合剪力墙空腔内宜浇筑自密实混凝土，自密实混凝土应符

双面叠合剪力墙构造
要求（教学视频）

合现行行业标准《自密实混凝土应用技术规程》（JGJ/T 283—2012）的规定；当采用普通混凝土时，混凝土粗骨料的最大粒径不宜大于20mm，并应采取保证后浇混凝土浇筑质量的措施。

抗震设计时，叠合板式剪力墙结构不应采用框支剪力墙。

抗震设防烈度为6度、7度时，不应采用具有较多短肢剪力墙的叠合板式剪力墙结构；抗震设防烈度为8度时，不应采用短肢剪力墙。

叠合板式剪力墙结构中，连梁及其他楼面梁宜采用现浇混凝土。

2．叠合板式剪力墙构造

叠合板式剪力墙宜采用"一"字形。开洞叠合剪力墙洞口宜居中布置，洞口两侧的墙肢宽度：外墙不应小于500mm，内墙不应小于300mm；洞口上方连梁高度不宜小于400mm。

叠合板式剪力墙截面厚度不应小于200mm，墙板预制部分厚度不宜小于50mm，空腔净距不宜小于100mm，两片预制墙板的内表面应做成凹凸深度不小于4mm的粗糙面。

叠合板式剪力墙的连梁不宜开洞。当需开洞时，洞口宜埋设套管，洞口上、下截面的有效高度不宜小于梁高的1/3，且不宜小于200mm。被洞口削弱的连梁截面应进行承载力验算，洞口处应配置补强纵向钢筋和箍筋，补强纵向钢筋直径不应小于12mm。

预制叠合墙板的宽度不宜大于6m，高度不宜大于楼层高度。

叠合板式剪力墙预制墙板内配置的桁架钢筋应满足一定要求：①桁架钢筋应沿竖向布置，中心间距不应大于400mm，边距不应大于200mm，且每块墙板至少设置2榀；②上弦钢筋直径不应小于10mm，下弦、斜向腹杆钢筋直径不应小于6mm；③桁架钢筋的上、下弦钢筋可作为墙板的竖向分布筋考虑。

3．连接设计

双面叠合剪力墙结构约束边缘构件内的配筋及构造要求应符合国家现行标准《建筑抗震设计规范（附条文说明）（2016年版）》（GB 50011—2010）和《高层建筑混凝土结构技术规程》（JGJ 3—2010）的有关规定，并应符合下列规定：①约束边缘构件（图3.4.12）阴影区域宜全部采用后浇混凝土，并在后浇段内设置封闭箍筋，其中暗柱阴影区域可采用叠合暗柱或现浇暗柱；②约束边缘构件非阴影区的拉筋可由叠合墙板内的桁架钢筋代替，桁架钢筋的面积、直径、间距应满足拉筋的相关规定。

预制双面叠合剪力墙构造边缘构件内的配筋及构造要求应符合国家现行标准《建筑抗震设计规范（附条文说明）（2016年版）》（GB 50011—2010）和《高层建筑混凝土结构技术规程》（JGJ 3—2010）的有关规定。构造边缘构件（图3.4.13）宜全部采用后浇混凝土，并在后浇段内设置封闭箍筋，其中暗柱可采用叠合暗柱或现浇暗柱。

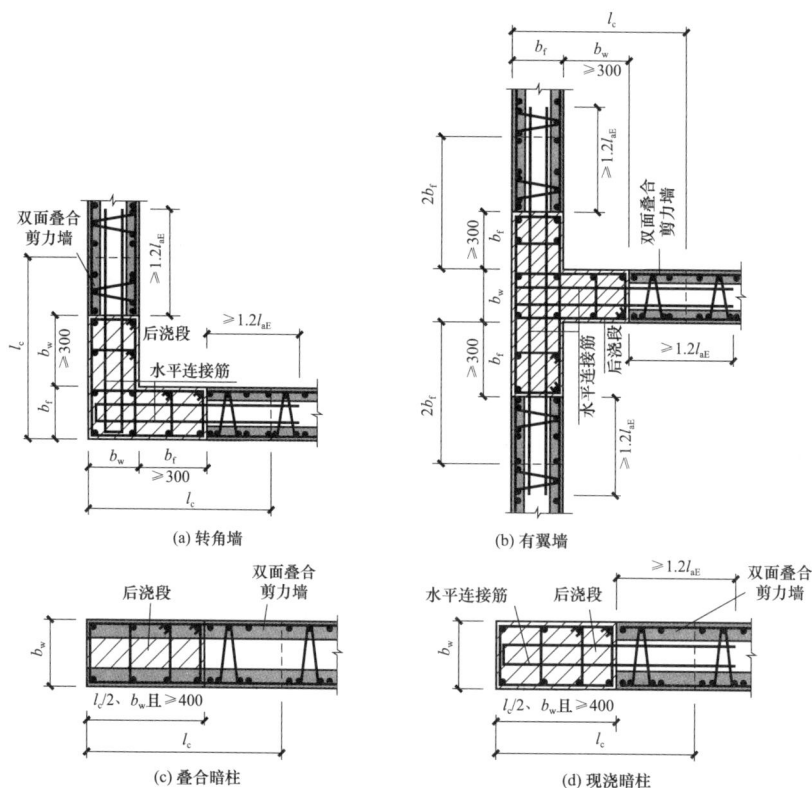

l_c—约束边缘构件沿墙肢的长度；b_f—翼缘宽度；b_w—腹板宽度；l_{aE}—抗震设计时钢筋计算锚固长度。

图3.4.12 约束边缘构件

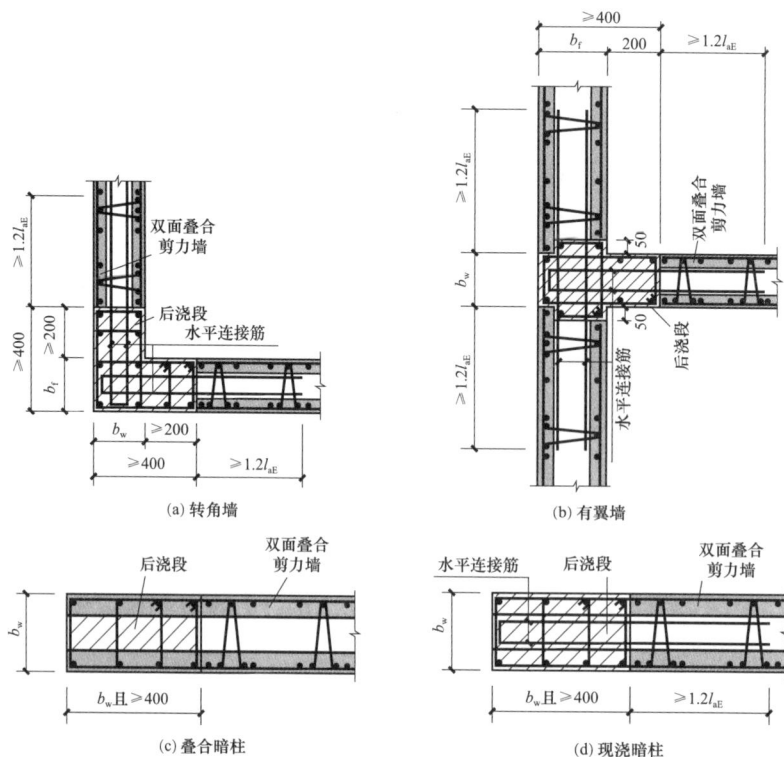

l_c—约束边缘构件沿墙肢的长度；b_f—翼缘宽度；b_w—腹板宽度；l_{aE}—抗震设计时钢筋计算锚固长度。

图3.4.13 构造边缘构件

　　叠合板式剪力墙水平接缝宜设置在楼面标高处，接缝高度宜为50mm；接缝内应设置不少于2根直径12mm的通长水平钢筋，通长水平钢筋间沿接缝尚应设置拉筋，拉筋直径不应小于6mm，间距不宜大于450mm；接缝处预制墙板及后浇混凝土上表面应设置粗糙面；接缝宜与楼板后浇叠合层混凝土一同浇筑并填充密实。

　　叠合板式剪力墙水平接缝处应设置竖向连接钢筋，并应符合下列规定：①叠合墙板在楼层连接处，竖向连接钢筋与预制墙板内纵向钢筋的搭接长度，抗震设计时不应小于$1.2l_{aE}$，如图3.4.14（a）和（b）所示；②叠合墙板与现浇混凝土基础连接处，竖向连接钢筋应伸入施工缝以上的叠合墙板内，连接钢筋与预制墙板内的纵向钢筋的搭接长度，抗震设计时不应小于$1.2l_{aE}$，如图3.4.14（c）所示；③竖向连接钢筋应计算确定，且其抗拉承载力不宜小于预制墙板内竖向分布钢筋抗拉承载力的1.1倍，连接钢筋上、下端头错开的距离不应小于500mm，如图3.4.14（d）所示。

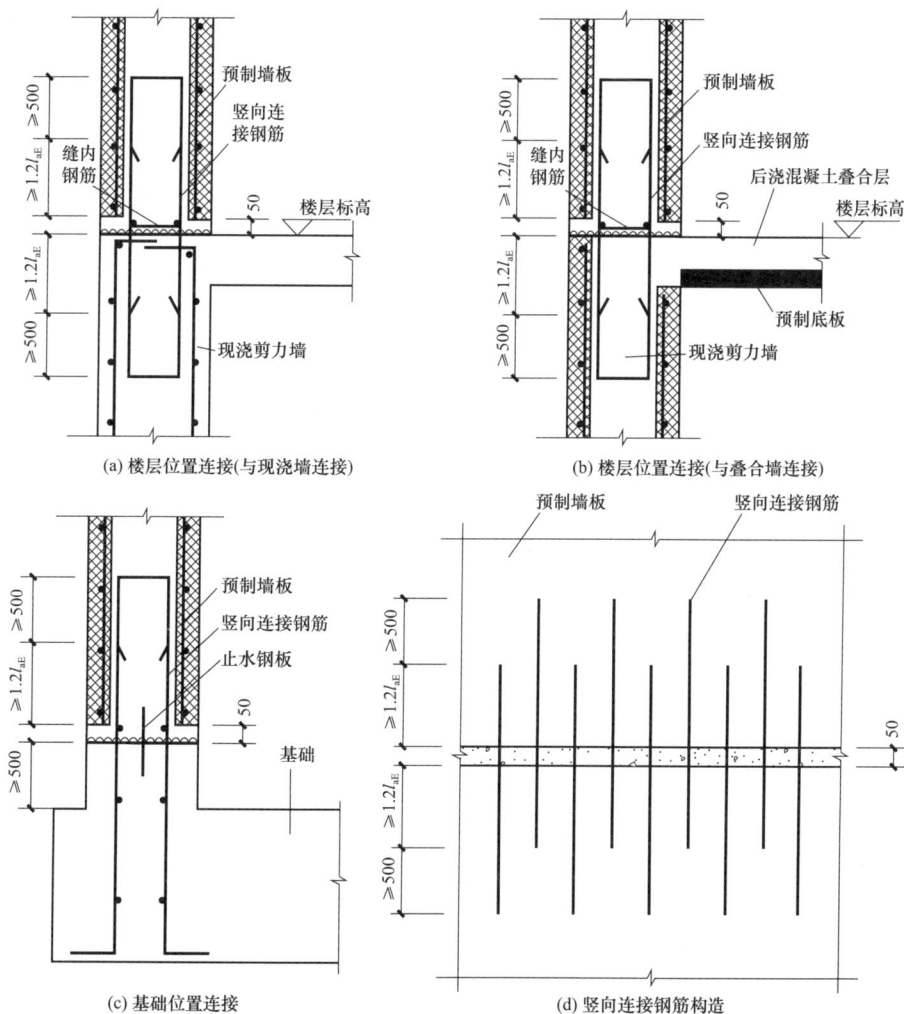

(a) 楼层位置连接(与现浇墙连接)

(b) 楼层位置连接(与叠合墙连接)

(c) 基础位置连接

(d) 竖向连接钢筋构造

l_{aE}—抗震设计时钢筋计算锚固长度。

图3.4.14　叠合板式剪力墙水平接缝构造

3.5　外挂墙板构造

3.5.1　概述

外挂墙板构造
（教学视频）

外挂墙板应用非常广泛，可以组合成PC幕墙，也可以局部应用；不仅用于装配式混凝土建筑，也用于现浇混凝土建筑。日本还大量用于钢结构建筑中。

外挂墙板有普通混凝土墙板和夹芯保温墙板两种类型。普通混凝土墙板是单叶墙板；夹芯保温墙板是三叶墙板，两层钢筋混凝土板之间夹着保温层。单叶墙板结构设计包括墙板设计和连接节点设计；三叶墙板增加了外叶墙板设计和拉结件设计。

外挂墙板不属于主体结构构件，是装配在混凝土结构或钢结构上的非承重外围护构件。预制混凝土外挂墙板利用混凝土可塑性强的特点，可充分表达建筑师的设计意愿，使大型公共建筑外墙具有独特的表现形式。饰面混凝土外挂墙板采用反打成型工艺，带有装饰面层。装饰混凝土外挂墙板是在普通的混凝土表层，通过色彩、色调、质感、款式、纹理、肌理和不规则线条的创意设计、图案与颜色的有机组合，创造出各种天然大理石、花岗岩、砖、瓦、木等材料的装饰效果。清水混凝土的质朴与厚重感充分体现了建筑古朴自然的独特风格。预制外挂墙板在工厂采用工业化生产，具有施工速度快、质量好、维修费用低的特点。根据工程需要，可设计成集外装饰、保温、墙体围护于一体的复合保温外挂墙板，也可以设计成复合墙体的外装饰挂板。

3.5.2　外挂墙板拆分原则

外挂墙板拆分原则
（教学视频）

外挂墙板不是结构构件，其拆分设计主要由设计师根据建筑立面的效果确定，这里从结构角度介绍外挂墙板的拆分原则。

1. 与主体结构连接点位置的关系

外挂墙板应安装在主体结构构件上，即结构柱、梁、楼板或结构墙体上，墙板拆分受到主体结构布置的约束，必须考虑到实现与主体结构连接的可行性。如果主体结构体系的构件无法满足墙板连接节点的要求，应当引出如"牛腿"类的连接件或次梁、次柱等二次结构体系，以满足建筑功能和艺术效果的要求。

2. 墙板尺寸

外挂墙板最大尺寸一般以一个层高和一个开间为限，欧美国家也有跨两个层高的超大型墙板，但不便于制作和运输。

3. 开口墙板的边缘宽度

开口墙板，如设置窗户洞口的墙板，洞口边板的有效宽度不宜少于300mm（图3.5.1）。

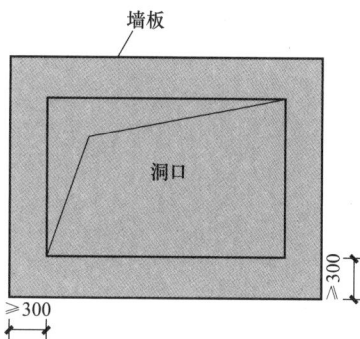

图3.5.1 开口墙板边缘宽度

3.5.3 外挂墙板结构构造

外挂墙板必须满足构件在制作、堆放、运输、施工各个阶段和整个使用寿命期的承载能力的要求，除了保证强度和稳定性外，还要控制裂缝和挠度。

外挂墙板是装饰性构件，对裂缝和挠度比较敏感。按照现行国家标准《混凝土结构设计规范（2015年版）》（GB 50010—2010）的规定：2类和3类环境类别非预应力混凝土构件的裂缝允许宽度为0.2mm；受弯构件计算跨度小于7m时允许挠度为1/200。

外挂墙板在制作、堆放、运输和安装环节荷载作用下，不应出现裂缝。在使用环节，当外挂墙板表面为反打瓷砖、反打石材或装饰混凝土时，结构裂缝可以按照《混凝土结构设计规范（2015年版）》（GB 50010—2010）的规定控制。对于清水混凝土构件，宜严格控制；对于夹芯保温板，内叶板裂缝控制可按普通结构构件控制，外叶板裂缝控制宜要求更高。

《混凝土结构设计规范（2015年版）》（GB 50010—2010）中关于受弯构件挠度的限值，是为屋盖、楼盖及楼梯等构件规定的；外挂墙板计算跨度一般小于7m，可直接参考屋盖、楼盖及楼梯等构件的抗挠度限值1/200，该挠度在视觉上不会有明显的变化，而且使墙板产生挠度的主要荷载（风荷载）并不是恒定的荷载。

关于外挂墙板构造，《装规》中有以下规定。

1）外挂墙板的高度不宜大于一个层高，厚度不宜小于100 mm（日本外挂墙板最小厚度为130mm）。

2）外挂墙板宜采用双层、双向配筋，竖向和水平钢筋的配筋率均不应小于0.15%，且钢筋直径不宜小于5mm，间距不宜大于200mm。

3）外挂墙板薄弱部分应配置加强钢筋，具体包括：

① 边缘加强筋。预制混凝土外挂墙板周围宜设置一圈加强筋（图3.5.2）。

② 开口转角处加强筋。预制混凝土外挂墙板洞（开）口转角处应设置加强筋（图3.5.3）。

③ 预埋件加强筋。预制混凝土外挂墙板连接节点预埋件处应设置加强筋（图3.5.4）。

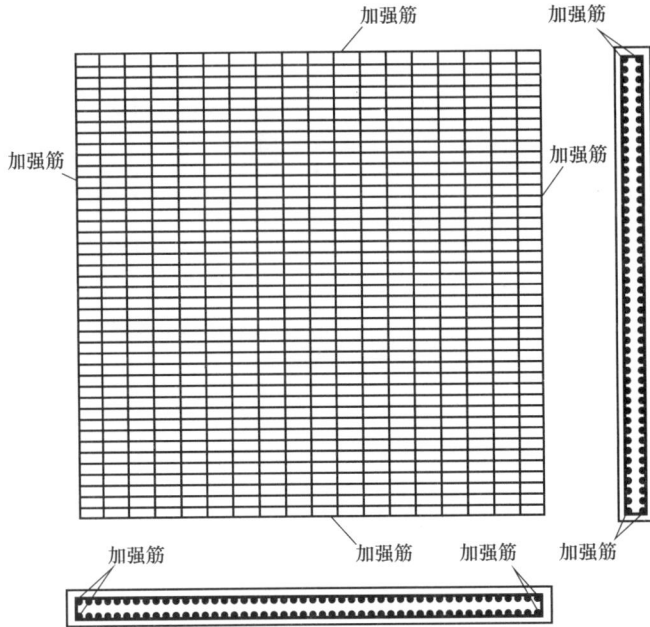

图3.5.2　预制混凝土外挂墙板周围加强筋

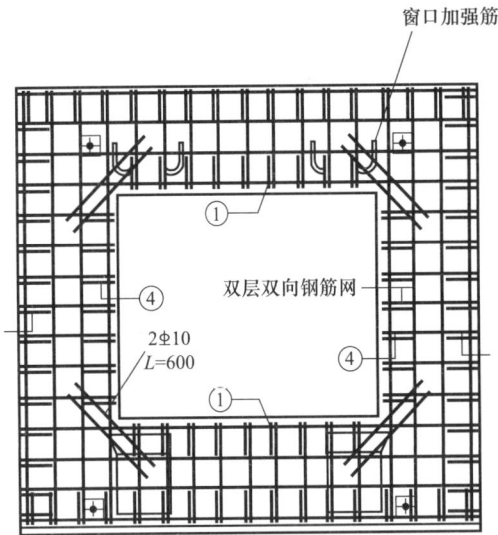

图3.5.3　预制混凝土外挂墙板开口转角处加强筋

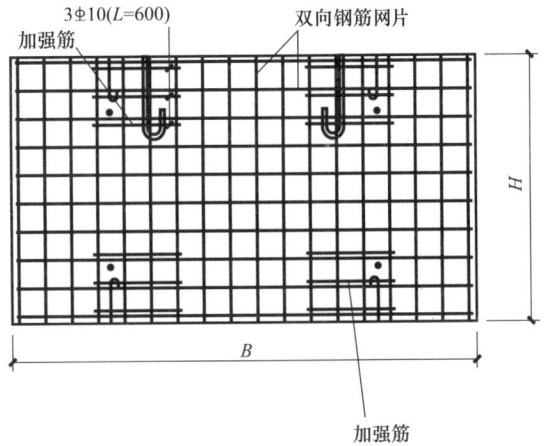

图3.5.4　连接节点预埋件处加强筋

④ L形外挂墙板转角部位构造。平面为L形的预制混凝土外挂墙板转角处的构造与加强筋如图3.5.5所示。

⑤ 板肋构造。有些预制混凝土外挂墙板，如宽度较大的板，设置了板肋，板肋构造如图3.5.6所示。

4）外挂墙板最外层钢筋的混凝土保护层厚度除有专门要求外，还应符合下列规定：

① 对石材或面砖饰面，不应小于15mm。

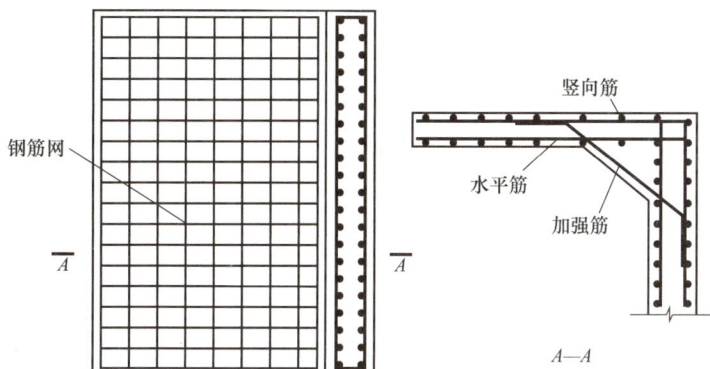

图3.5.5 L形预制混凝土外挂墙板转角处构造与加强筋

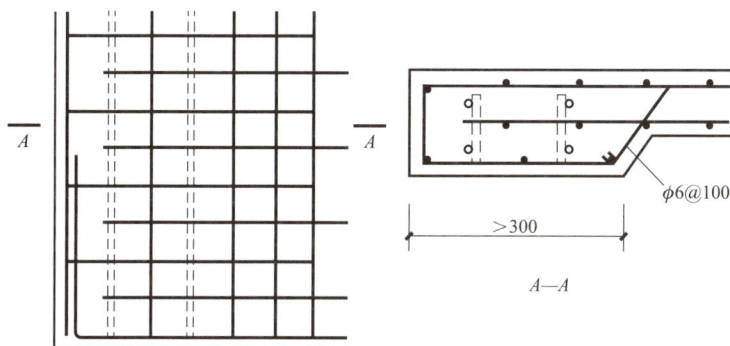

图3.5.6 预制混凝土外挂墙板板肋构造

② 对清水混凝土，不应小于20mm。

③ 对露骨料装饰面，应从最凹处混凝土表面计起，且不应小于20mm。

3.5.4 外挂墙板连接构造

外挂墙板连接节点不仅要有足够的强度和刚度以保证墙板与主体结构可靠连接，还要避免主体结构位移作用于墙板形成内力。

主体结构在侧向力作用下会发生层间位移，或由于温度作用产生变形，如果墙板的每个连接节点都牢牢地固定在主体结构上，则主体结构出现层间位移时，墙板就会沿板平面方向扭曲，产生较大内力。为了避免这种情况，连接节点应当具有相对于主体结构的可"移动"性，或可滑动，或可转动。当主体结构位移时，连接节点允许墙板不随之扭曲，有相对的"自由度"，这样可以消除主体结构施加给墙板的作用力，以及墙板对主体结构的反作用。

图3.5.7所示为墙板与主体结构位移的关系，即在主体结构发生层间位移时墙板与主体结构相对位置的关系图。在正常状态下，墙板的预埋

外挂墙板连接构造
（教学视频）

螺栓位于连接到主体结构上的连接板的长孔的中间，如图3.5.7（a）所示；当发生层间位移时，主体结构柱倾斜，上梁水平位移，但墙板没有随之移动，而是连接板随着梁移动，这时墙板的预埋螺栓位于连接件长孔的边缘，如图3.5.7（b）所示。

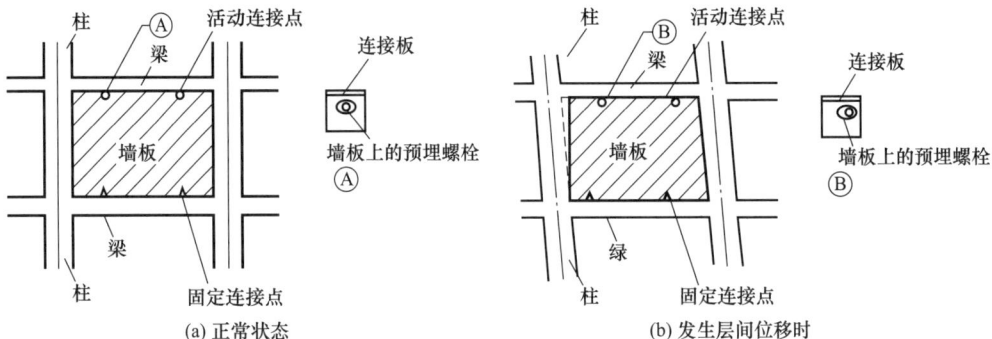

图3.5.7　墙板与主体结构位移的关系（外挂墙板柔性连接示意）

对连接节点的设计要求可以归纳为以下几点：

1）墙板与主体结构应可靠连接以保证墙板在自重、风荷载、地震作用下的承载能力和正常使用。

2）当主体结构发生位移时，墙板相对于主体结构应可以"移动"。

3）连接节点部件的强度与变形满足使用要求和规范规定。

4）连接节点位置有足够的空间可以进行安装作业以及放置和锚固连接预埋件。

1. 连接节点分类

连接节点可根据不同的分类方式进行分类，按可承受荷载类型分为水平支座和重力支座；按连接节点的固定方式分为固定连接节点和活动连接节点，活动节点又可分为滑动节点和转动节点。

（1）水平支座和重力支座

外挂墙板承受水平方向和竖直方向两个方向的荷载与作用，故可将连接节点分为水平支座和重力支座。水平支座只承受水平荷载，包括风荷载、水平地震作用和构件相对于安装节点的偏心形成的水平力，不承受竖向荷载。重力支座是承受竖向荷载的支座，承受重力和竖向地震作用。其实，重力支座同时也承受水平荷载，但都习惯称为重力支座，主要是为了强调其主要功能是承受重力作用。

（2）固定连接节点和活动连接节点

连接节点按照是否允许移动又分为固定连接节点和活动连接节点。固定连接节点是将墙板与主体结构"固定"连接的节点。活动连接节点则是允许墙板与主体结构之间有相对位移的节点。

图3.5.8是外挂墙板水平支座固定连接节点和活动连接节点示意图。在墙板上伸出预埋螺栓，楼板底面预埋螺母，用连接件将墙板与

楼板连接。连接件（a），孔眼没有活动空间，就形成了固定连接节点；连接件（b），孔眼有横向的活动空间，就形成可以水平滑动的活动连接节点；连接件（c），孔眼有竖向的活动空间，就形成可以垂直滑动的活动连接节点；连接件（d），孔眼较大，各个方向都有活动空间，就形成了可以向各方向滑动的活动连接节点。

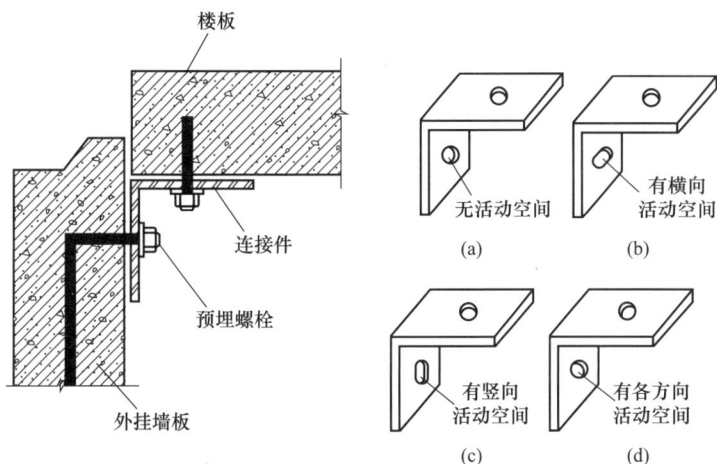

图3.5.8　外挂墙板水平支座的固定连接节点和活动连接节点

　　图3.5.9是外挂墙板重力支座的固定连接节点和活动连接节点示意图。在墙板上伸出预埋L形钢板，楼板伸出预埋螺栓。L形钢板（a），孔眼没有活动空间，就形成了固定连接节点；L形钢板（b），孔眼有横向的活动空间，就形成了可以水平滑动的活动连接节点。

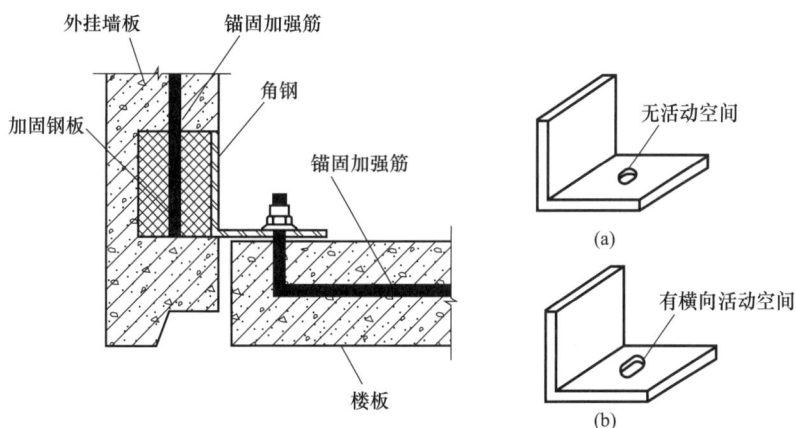

图3.5.9　外挂墙板重力支座的固定连接节点和活动连接节点

（3）滑动节点和转动节点

　　活动连接节点又分为滑动节点和转动节点。图3.5.8和图3.5.9的活动连接节点都是滑动节点，一般的做法是将连接螺栓的连接件的孔眼在滑动方向加长。允许水平方向滑动就沿水平方向加长孔眼；允许竖直方向滑动就沿竖直方向加长孔眼；两个方向都允许滑动，就扩大孔径。

转动节点可以微转动，一般靠支座加橡胶垫实现。

需要强调的是，这里所说的移动是相对于主体结构而言的，实际情况是主体结构在动，活动连接节点处的墙板没有随之动。

2. 连接节点布置

（1）外挂墙板与主体结构的连接

外挂墙板连接节点须布置在主体结构构件柱、梁、楼板、结构墙体上。当布置在悬挑楼板上时，楼板悬挑长度不宜大于600mm。连接节点在主体结构的预埋件距离构件边缘不应小于50mm。

当外挂墙板无法与主体结构构件直接连接时，必须从主体结构引出二次结构作为连接的依附体。

（2）连接节点数量

一般情况下，外挂墙板布置4个支撑点：2个水平支座，2个重力支座。重力支座布置在板下部时称为下托式，重力支座布置在板上部时称为上挂式，如图3.5.10所示。

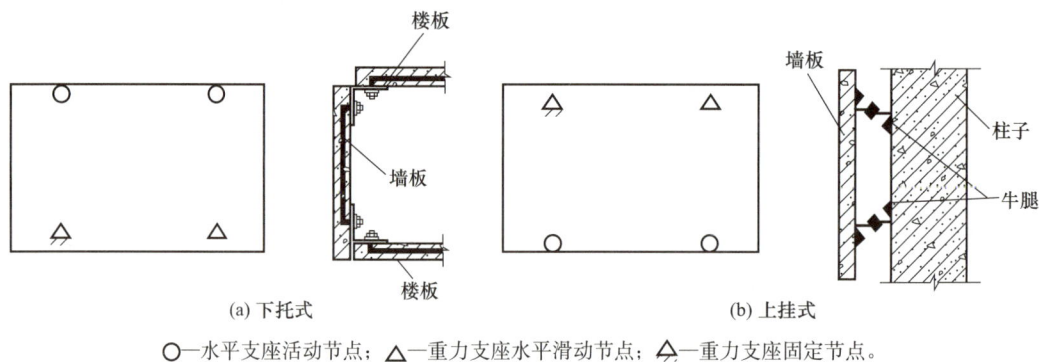

○—水平支座活动节点；△—重力支座水平滑动节点；▲—重力支座固定节点。

图3.5.10　下托式与上挂式连接节点布置

当外挂墙板宽度小于1200mm时，也可以布置3个支撑点，其中1个水平支座，2个重力支座，如图3.5.11所示。

当外挂墙板长度大于6000mm时，或墙板为折板，折边长度大于等于600mm时，可设置6个支撑点（图3.5.12）。

（3）固定连接节点与活动连接节点分布

固定连接节点与活动连接节点分布有多种方案，这里介绍活动路线比较清晰的滑动节点的方案：1个重力支座为固定连接节点，1个重力支座为水平滑动节点，2个水平支座为水平和竖直方向都可以滑动的节点，图3.5.10的下托式和上挂式连接节点布置即为此方案。以下托式为例，对应主体结构位移的原理如下：

1）1个固定支座与主体结构紧固连接，外挂墙板不会随意移动。

2）当主体结构发生层间位移时，下部2个支座不动，上部2个滑动支座允许主体结构有相对位移。

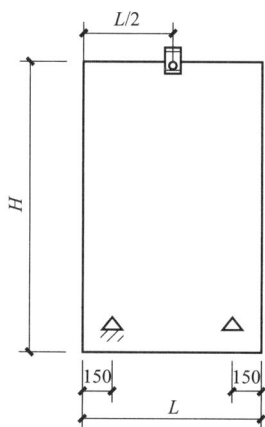

图3.5.11 板宽为1200mm以下时连接节点数量与位置

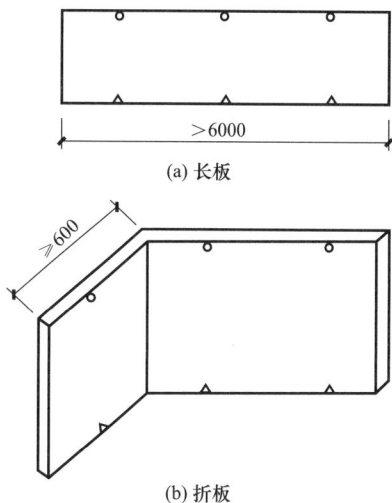

图3.5.12 长板和折板设置6个连接节点

3）当主体结构与外挂墙板有横向温度变形差时，与固定支座一列的支座不动，另外一列支座允许移动。

4）当主体结构与外挂墙板有竖向温度变形差时，与固定支座一行的支座不动，另外一行支座允许移动。

上述固定连接节点和活动连接节点的构造介绍如下：

1）上部水平支座（滑动方式）构造如图3.5.13所示，预制外挂墙板伸出预埋螺栓，与角形连接件连接。连接件的两侧是橡胶密封垫，用双重螺母固定角形连接件。安装时，在水平调节完的垫片上固定预制墙板一侧的连接件，根据需要垫上较薄的马蹄形垫片，进行微调整。固定到规定的位置上后，通过垫片和弹簧片把螺栓固定到已埋置在结构楼板或钢结构上的螺母上。

2）下部重力支座（滑动方式）构造如图3.5.14所示，L形预埋件埋置在预制墙板中，背后焊有腹板，腹板两侧有锚固钢筋。L形预埋件预留的安装孔大于主体结构预埋的螺栓，包括安装允许误差和滑动余量。插入螺母后，旋紧螺母。

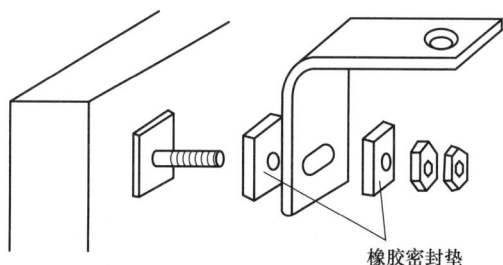

图3.5.13 上部水平支座（滑动方式）构造

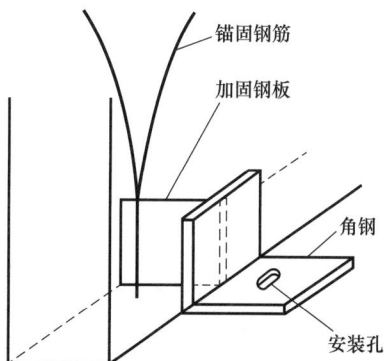

图3.5.14 下部重力支座（滑动方式）构造

3）上部水平支座（锁紧方式）构造如图3.5.15所示，螺栓已经预埋在预制外挂墙板上，将上下都有活孔的角钢或曲板借助于不锈钢片的两边用螺母锁紧。其具体的安装方法虽然与滑动方式完全相同，但是为了方便角钢灵活活动，有时会根据需要进行焊接处理。

4）下部重力支座（锁紧方式）构造如图3.5.16所示，板一侧连接件虽然与滑动方式完全相同，但是安装完成后需要用与螺栓的外径尺寸完全相同的垫片焊接下部连接角钢的方法代替直接用螺母进行锁紧的方法。

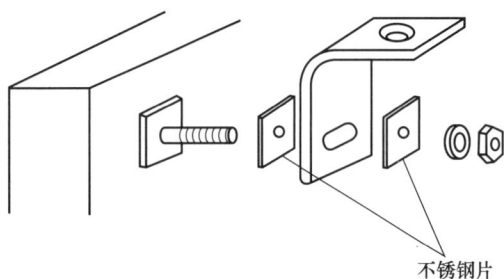

图3.5.15　上部水平支座（锁紧方式）构造

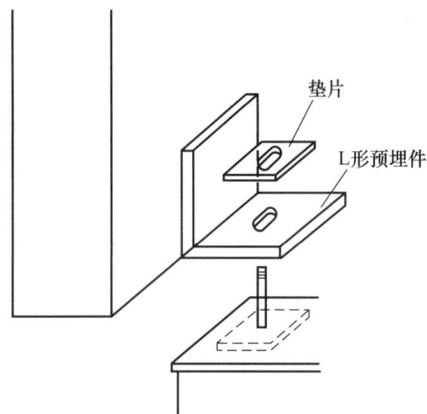

图3.5.16　下部重力支座（锁紧方式）构造

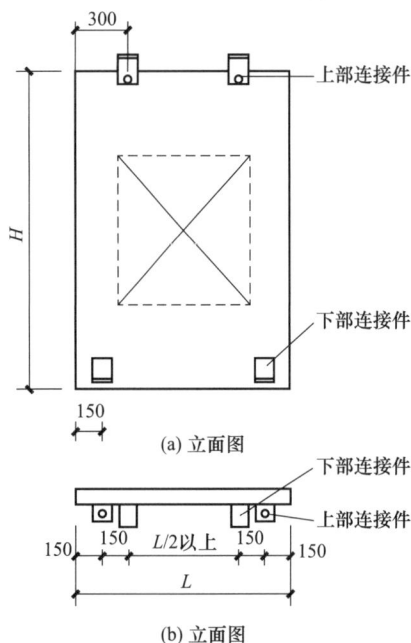

L—板宽；H—板高。

图3.5.17　外挂墙板连接节点距离边缘的
位置（1200～2000mm）

（4）连接节点距离板边缘的距离

图3.5.17是日本某项目外挂墙板连接节点距离边缘的位置，板上下部各设置两个连接件，下部连接件中心距离板边缘为150mm以上，上部连接件中心与下部连接件中心之间水平距离为150mm以上。

上下节点不在一条线上，一个显而易见的优点是"不打架"。因为楼板下面须预埋下层外挂墙板的上部连接节点用的预埋螺母，楼板上面须预埋连接上层外挂墙板重力支座的预埋螺栓，布置在一条线上，锚固空间会拥挤。

（5）偏心节点布置

连接节点最好对称布置，但许多情况下，因柱子对操作空间的影响，不得不偏心布置。当偏心布置时，连接点距离边缘不宜过远，节点的距离不宜小于1/2板宽，如图3.5.18所示。

墙板与主体结构连接节点类型如图3.5.19所示。

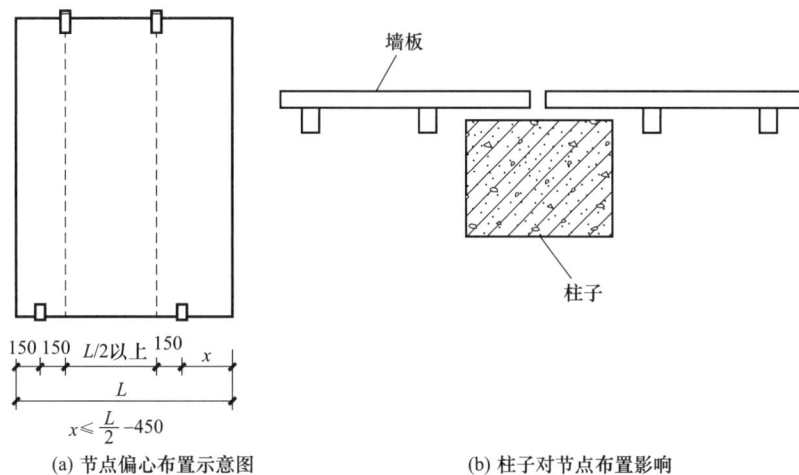

(a) 节点偏心布置示意图　　　　　　　　　(b) 柱子对节点布置影响

L—板宽。

图3.5.18　偏心连接节点位置

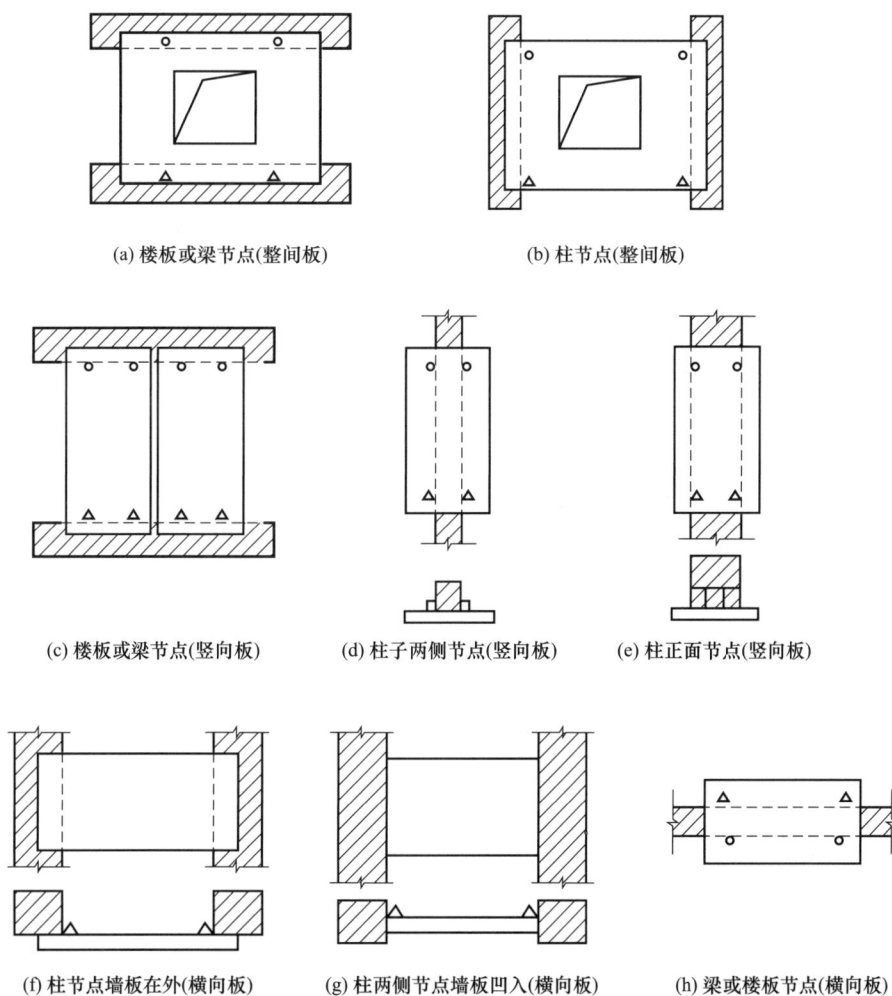

(a) 楼板或梁节点(整间板)　　　　　　　　　(b) 柱节点(整间板)

(c) 楼板或梁节点(竖向板)　　(d) 柱子两侧节点(竖向板)　　(e) 柱正面节点(竖向板)

(f) 柱节点墙板在外(横向板)　　(g) 柱两侧节点墙板凹入(横向板)　　(h) 梁或楼板节点(横向板)

图3.5.19　墙板与主体结构连接节点类型

学习参考

登录www.abook.cn网站，搜索本书，下载相关学习参考资料。

本章小结

　　装配式建筑是指用预制好的构件通过可靠连接方式建造的建筑，装配式混凝土建筑有优于传统混凝土现浇建筑的许多优点，是我国建筑业走向工业化的必由之路。装配式建筑发展有较长历史，当代很多著名建筑均为装配式建筑。本章介绍了装配式混凝土建筑各种构造特点，学习中要注重课内外有机结合。

实践项目　框架梁柱节点施工图抄绘

【实践目标】

　　1. 了解装配式混凝土框架梁柱结构拆分方案。

　　2. 熟悉装配式混凝土建筑梁柱的基本构造。

【实践要求】

　　1. 复习"建筑构造"课程知识和本章内容。

　　2. 读懂附图框架梁柱节点施工图。

　　3. 按要求完成梁柱节点施工图的抄绘。

【实践资源】

　　图S.3.1为某装配式混凝土框架结构平面拆分示意图，以Ⓑ轴线上⑥～⑦轴线之间的双莲藕梁为例，进行装配式混凝土框架结构梁柱节点抄绘练习。

　　莲藕梁坐标面定义如图S.3.2所示，正面为A面，背面为B面，左侧面为C面，右侧面为D面，下底面为底板面，上面为浇筑面。由图S.3.3～图S.3.6可知：梁截面尺寸为400mm×900mm，其中靠近外墙侧梁上部和下部各突出200mm宽，用以固定外墙板。

　　柱截面尺寸及配筋如图S.3.7所示，柱截面纵向钢筋、箍筋布置如图S.3.8所示，从图中可以看出柱截面尺寸为800mm×800mm，层高4200mm，其中预制部分柱高3210mm，图中带框数字为箍筋间距。

【实践步骤】

　　1. 识读装配式混凝土建筑平面拆分示意图（图S.3.1）。
　　2. 完成图S.3.1底部阴影区域莲藕梁及柱详图绘制。

【上交成果】

　　框架梁柱节点图图纸。

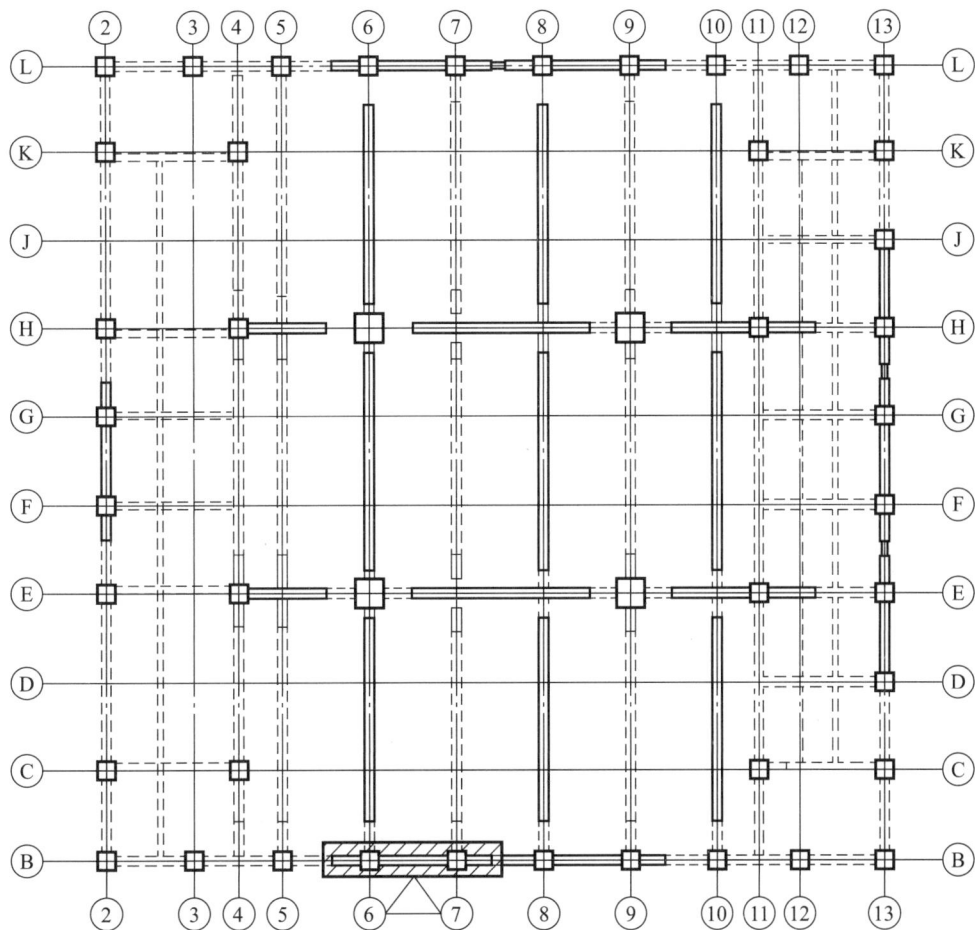

图S.3.1　某装配式混凝土框架结构平面拆分示意图

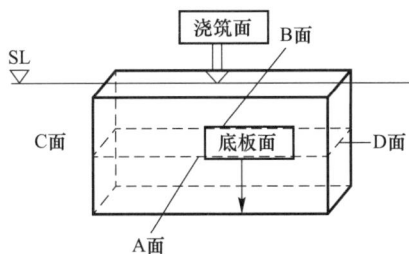

图S.3.2　莲藕梁坐标面定义

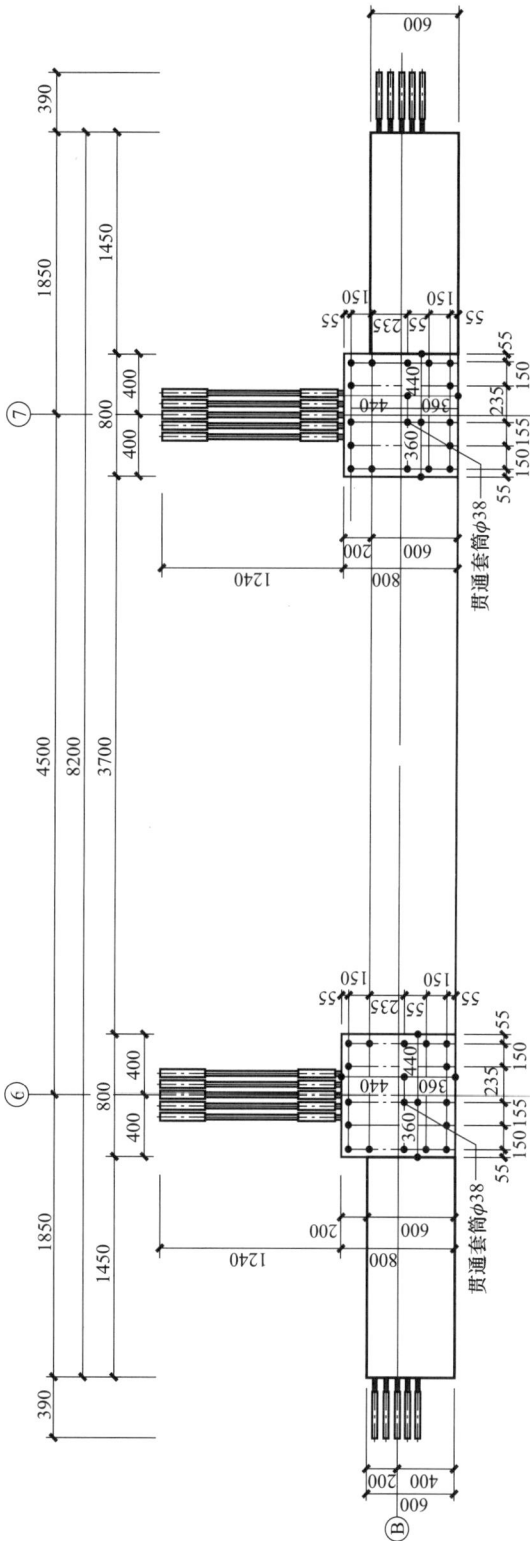

图S.3.3　莲藕梁板底面图

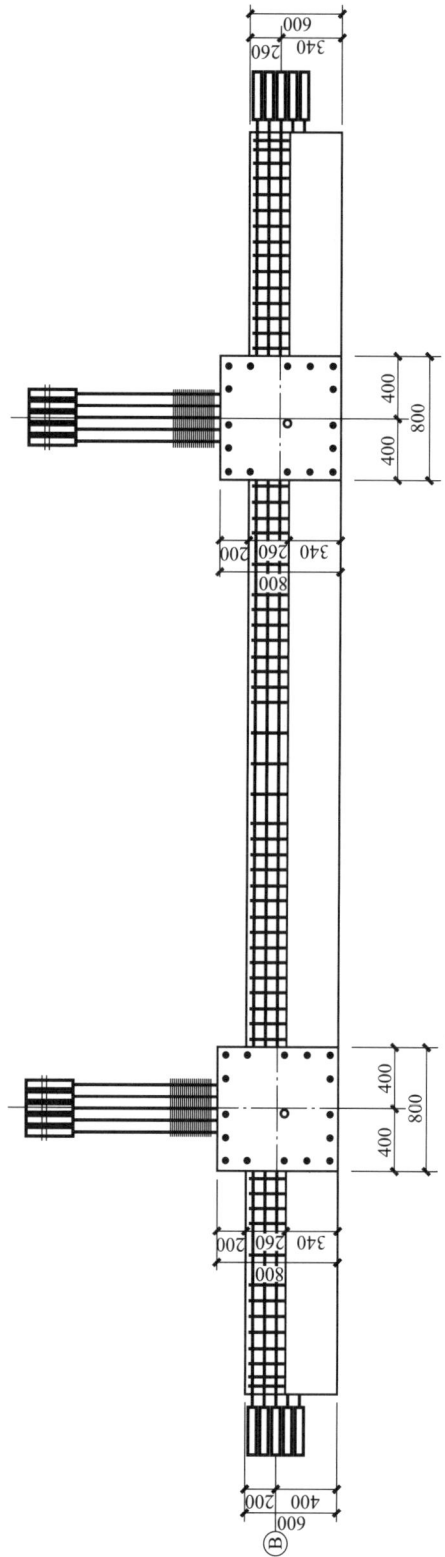

图S.3.4　莲藕梁浇筑平面图

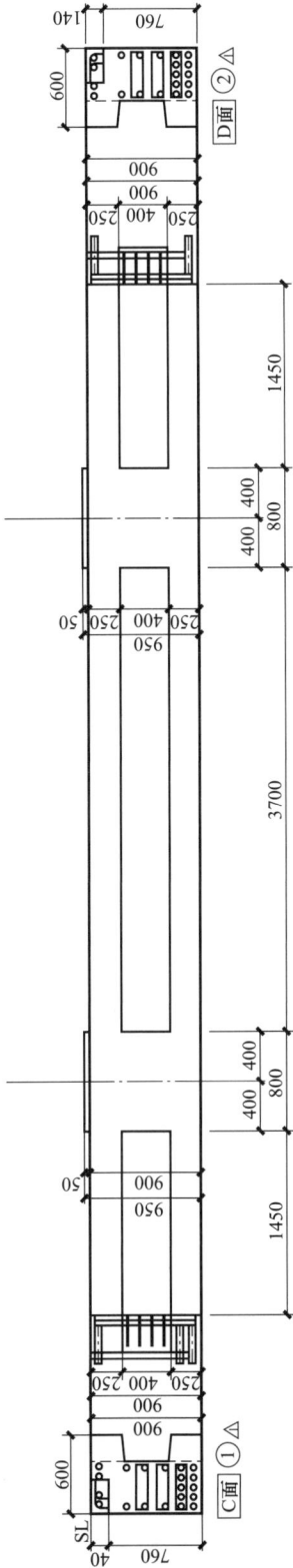

图S.3.5　连耦梁A面图

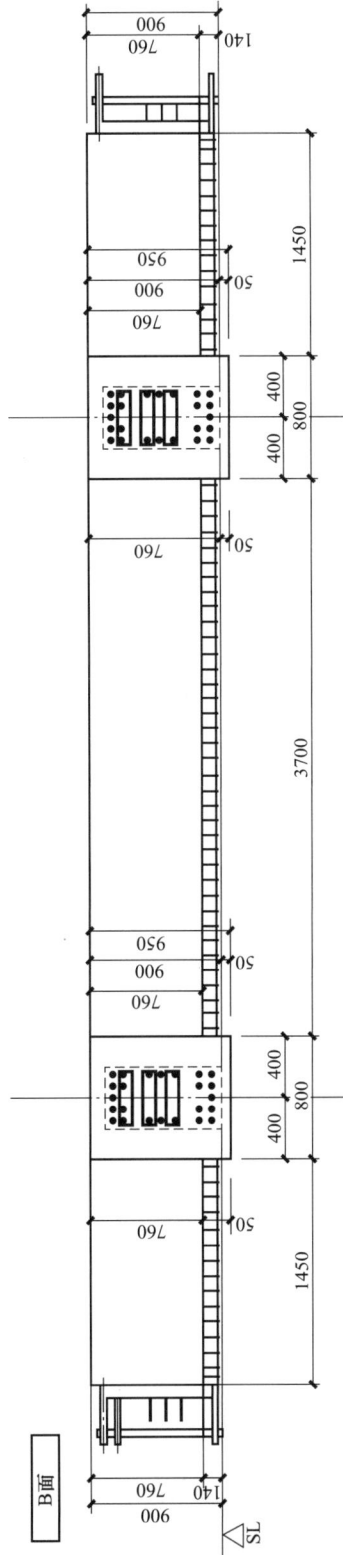

图S.3.6　连耦梁B面图

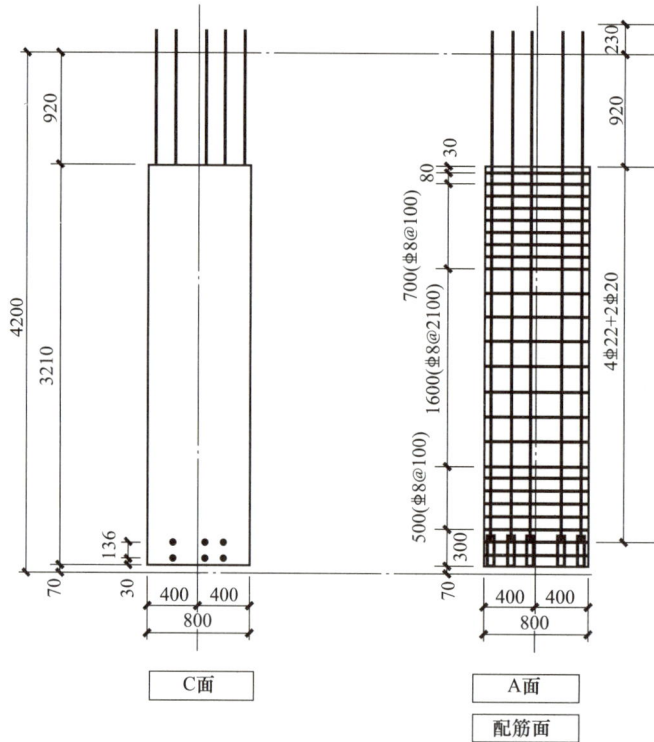

图S.3.7 柱截面尺寸及配筋图

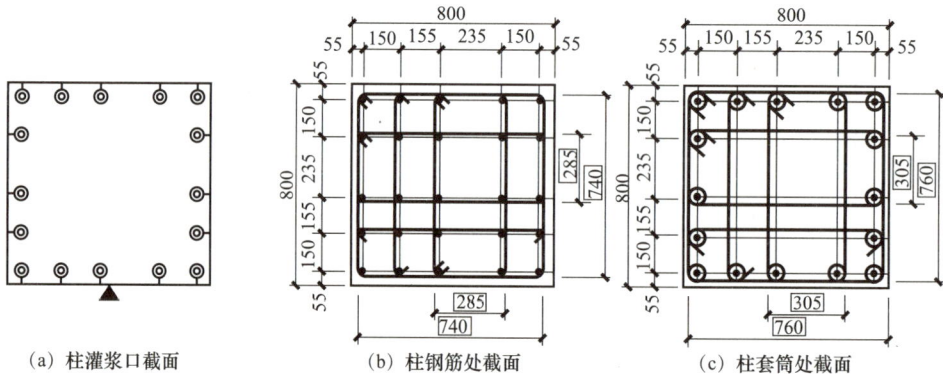

（a）柱灌浆口截面　（b）柱钢筋处截面　（c）柱套筒处截面

图S.3.8 柱截面

习 题

1. 装配整体式建筑结构可采用湿式连接或干式连接，下面关于湿式连接的说法中，不正确的是（　　）。

A. 湿式连接需要后浇混凝土，现场工作量大

B. 湿式连接整体性能更好

C. 湿式连接承载力和刚度均较干式连接大

D. 湿式连接施工工期较长

2. 下列钢筋连接方式，不适用于现浇结构钢筋连接，只适用于装配整体式结构钢筋连接的是（　　）。

　　A. 焊接连接　　　　　　　　　　B. 机械连接

　　C. 搭接连接　　　　　　　　　　D. 浆锚搭接连接

3. 下列关于全灌浆套筒和半灌浆套筒的说法，正确的有（　　）。

　　A. 同样规格的半灌浆套筒比全灌浆套筒短，节省材料，减少连接区域长度

　　B. 半灌浆套筒非灌浆段可采用钢筋螺纹连接方式

　　C. 全灌浆套筒箍筋加密区范围比半灌浆套筒小

　　D. 全灌浆套筒对钢筋的定位要求更高

　　E. 不同钢筋尺寸应对应不同规格的灌浆套筒，严禁混用

4. 下列关于灌浆套筒的应用说法，不正确的有（　　）。

　　A. 灌浆套筒连接成本相对于机械连接等连接方式高

　　B. 灌浆套筒可用于梁柱等主要受力钢筋连接

　　C. 剪力墙分布钢筋应采用灌浆套筒连接

　　D. 剪力墙边缘约束构件纵筋宜采用灌浆套筒连接

5. 下列关于浆锚搭接连接说法，错误的是（　　）。

　　A. 浆锚搭接属于搭接连接的一种，由于约束环的作用，大大减少了搭接长度

　　B. 与灌浆套筒相比，浆锚搭接成本较低

　　C. 浆锚搭接适用于钢筋直径不大于20mm和直接承受动力荷载的钢筋连接

　　D. 浆锚搭接适用于剪力墙结构分布钢筋连接

6. 下列关于混凝土连接说法，不正确的是（　　）。

　　A. 装配整体式结构混凝土连接主要指设置后浇带连接预制构件

　　B. 预制构件后浇区域应设置粗糙面或抗剪键槽，以增大连接处混凝土的咬合力

　　C. 粗糙面处理方法包括人工凿毛法、机械凿毛法和缓凝水冲法等

　　D. 混凝土后浇区域的强度应和预制构件混凝土强度相同

7. 下列关于叠合楼盖的说法，正确的是（　　）。

　　A. 当板跨度大于6m时，宜采用桁架钢筋混凝土叠合板

　　B. 叠合板按预制板接缝构造、支座构造、长宽比等可分为单向板和双向板

　　C. 对于板端支座，只需设置附加钢筋，板底钢筋无须伸入支座内

　　D. 对于分离式拼缝，需将板底钢筋锚入后加叠合层

　　E. 板侧采用分离式拼缝设计，则该板一定是单向板

8. 下列关于叠合梁，说法正确的是（　　）。

　　A. 预制叠合矩形截面梁可在叠合面设置凹口，以增强框架梁整体性

　　B. 预制叠合梁端需设置键槽或粗糙面

　　C. 组合封闭箍筋操作方便，但整体抗震性能差

　　D. 抗震等级为二级的建筑可采用组合封闭箍筋

　　E. 采用组合封闭箍筋形式时，开口箍筋上方应做成135°弯钩

9. 关于叠合梁连接，下列说法不正确的是（　　）。

　　A. 叠合梁连接包括叠合梁对接连接和主次梁连接

B. 叠合梁对接连接应设置后浇段，箍筋正常配置

C. 叠合主次梁连接需设置后浇段

D. 次梁端部与主梁连接时，应将上部主筋锚入主梁

10. 下列关于预制柱连接，说法正确的是（　　）。

A. 套筒灌浆连接钢筋是预制柱较可靠的连接方式之一

B. 预制柱连接时，在柱底应设置坐浆层，坐浆层厚度应大于20 mm

C. 套筒长度+30cm范围内原设计箍筋应加密

D. 柱与柱连接可在任意位置连接

11. 关于预制梁柱连接，下列说法不正确的是（　　）。

A. 对框架中间层中节点，节点两侧的梁下部纵向受力钢筋宜锚固在后浇节点区内

B. 梁上部纵向受力钢筋可采用90°弯钩锚固或焊接等方式连接

C. 梁柱节点区域后浇混凝土需比基体材料提高一个等级

D. 针对节点区域钢筋密集现象，可将钢筋连接移至节点区域外部

12. 下列说法不正确的是（　　）。

A. 当梁端伸入柱端锚固长度不够时，可采用锚固板锚固

B. 对于底层，柱纵筋可采用锚固板锚固

C. 对于顶层，柱纵筋可采用向上延伸锚固，延伸长度应大于$40d$和300mm

D. 梁下部纵向受力钢筋在节点区外锚固时，伸出长度不应小于$1.5h_0$

13. 关于后浇连接混凝土，下列说法不正确的是（　　）。

A. 连接处混凝土强度等级应为所连接的各预制构件混凝土设计强度等级中的较大值

B. 连接混凝土宜采用早强混凝土

C. 预制构件连接处混凝土浇筑和振捣时，应对模板和支架进行观察和维护，发生异常情况应及时进行处理

D. 同一连接接缝的混凝土应连续浇筑，并应在底层混凝土初凝之前将上一层混凝土浇筑完毕

第4章 附属构件构造

教学PPT

知识导引

　　装配式混凝土建筑中的附属构件及其连接构造在实际应用中也是比较重要的一部分。本章主要从预制楼梯构造、预制阳台构造、保温隔热构造、整体卫浴间构造等方面进行阐述。住宅工业化包含两方面，一是主体结构的工业化，二是内装的工业化，即工业化装配式的卫生间、厨房、木作、收纳等内装部品，集合各种管线，推进住宅施工品质和促进工艺便捷化。装配式整体卫浴间如图4.0.1所示。

(a) 方案一

(b) 方案二

图4.0.1　装配式整体卫浴间

住宅建筑的现浇混凝土主体结构往往可以达到100年以上的使用寿命，但卫浴间的墙、地面材料、设备和管线设施的使用寿命一般在8～20年不等。在传统建造方式的住宅设计和施工中，将设备管线埋在楼板混凝土垫层或墙体中，从而把使用年限不同的主体结构与管线设备等混在一起建造，导致大量的住宅建筑主体结构虽然良好，但与主体结构紧密附着的内装墙地面材料、设备和管线设施等出现老化，在不损坏主体结构的情况下，很难改造更新，大大缩短了住宅建筑的使用寿命。

传统建造方式中，钢材、水泥浪费严重，用水量过大，工地脏、乱、差，还存在质量通病，如开裂、渗漏等问题。装配式混凝土建筑方式能使工地清洁，粉尘、泥浆等污染物大大减少。采用装配式技术，窗玻璃和窗框可以在工厂组装为一体，相比现场安装减小渗漏的可能。所有构件都在工厂的标准化生产工艺下成型，保障了房屋构件质量，避开了易受外界因素影响的工作场地操作。

同时，从装修方面来讲，装配式混凝土建筑要强于现浇建筑。以住宅为例，装修的过程中有很多改造，实际上是对建筑原有构件做一些改动，这些改动往往是破坏性的，会损害建筑使用寿命。但装配式混凝土建筑，在构件生产时，根据设计要求，各种孔、洞都是预留好的，不需要凿墙破洞，所以装修方便，而且节约材料，同时不会造成结构破坏。

4.1　预制楼梯构造

想一想

装配式非结构预制构件是近几年发展起来的，楼梯是其中的一种，楼梯的连接构造是如何的呢？

4.1.1　概述

装配式混凝土建筑的非结构预制构件是指主体结构柱、梁、剪力墙板、楼板以外的预制构件，包括楼梯、阳台板、空调板、遮阳板、挑檐板、外挂墙板等构件。

非结构预制构件不仅用于装配式混凝土结构建筑，也常用于现浇混凝土结构建筑，有些构件还可以用于钢结构建筑，如楼梯、外挂墙板等。

4.1.2　预制楼梯类型

预制楼梯构造
（教学视频）

预制楼梯是最能体现装配式建筑优势的PC构件。在工厂预制楼梯远比在施工现场现浇方便、精致，安装后便可以使用，给施工带来了很大的便利，提高了施工安全性。楼梯板安装一般情况下不需要加大工地塔式起重机吨位，所以现浇混凝土建筑和钢结构建筑也可以方便地使用。

预制楼梯有不带平台板的直板式楼梯（板式楼梯）和带平台板的折板式楼梯，如图4.1.1所示。直板式楼梯有剪刀楼梯和双跑楼梯，如图4.1.2所示。剪刀楼梯一层楼一跑，长度较长；双跑楼梯一层楼两跑，长度短。

(a) 直板式楼梯

(b) 折板式楼梯

图4.1.1 直板式楼梯和折板式楼梯

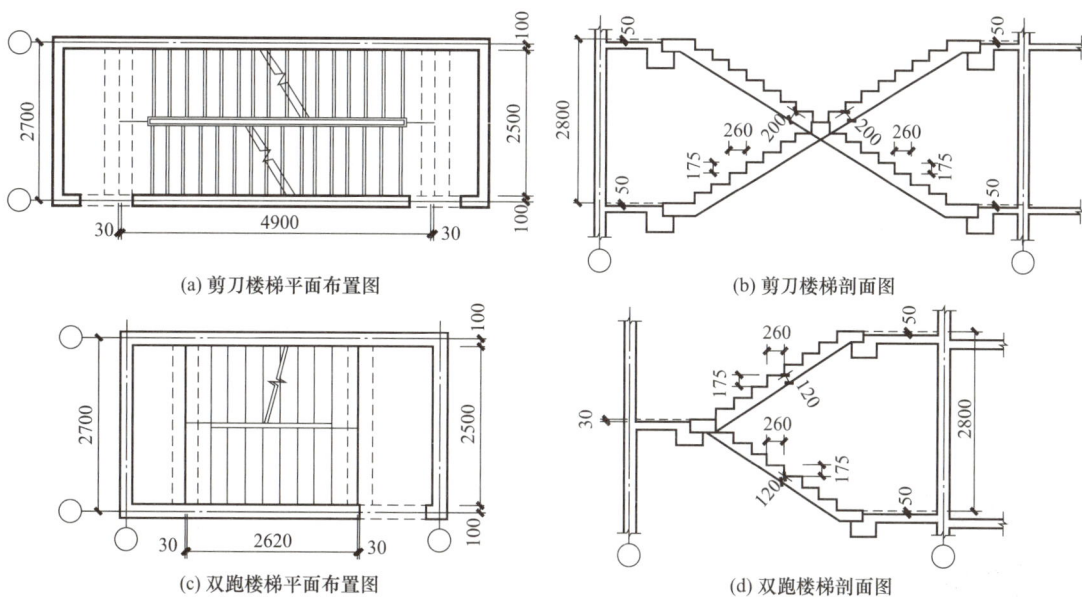

(a) 剪刀楼梯平面布置图

(b) 剪刀楼梯剖面图

(c) 双跑楼梯平面布置图

(d) 双跑楼梯剖面图

图4.1.2 剪刀楼梯与双跑楼梯

4.1.3 预制楼梯与支承构件的连接方式

预制楼梯与支撑构件连接有3种方式：一端固定铰节点一端滑动铰节点的简支方式、一端固定支座一端滑动支座的方式、两端都是固定支座的方式。

现浇混凝土结构中，楼梯多采用两端都是固定支座的方式，计算中楼梯也参与到抗震体系中；装配式混凝土结构建筑中，楼梯与主体结构

预制楼梯与支承构件的连接方式（教学视频）

的连接宜采用一端简支或固定、一端滑动的连接方式，不参与主体结构的抗震体系。

1. 简支支座

《装规》中关于楼梯连接方式有以下规定：预制楼梯与支承构件之间宜采用简支连接。采用简支连接时，应符合下列规定：预制楼梯宜一端设置固定铰，另一端设置滑动铰，其转动及滑动变形能力应满足结构层间位移的要求，且预制楼梯端部在支承构件上的最小搁置长度应符合表4.1.1的规定。预制楼梯设置滑动铰的端部应采取防止滑落的构造措施。

表4.1.1　预制楼梯端部在支承构件上的最小搁置长度

抗震设防烈度	6度	7度	8度
最小搁置长度/mm	75	75	100

2. 固定支座与滑动支座

预制楼梯上端设置固定端，与支承结构现浇混凝土连接；下端设置滑动支座，放置在支承体系上。

3. 两端固定支座

预制楼梯上下两端都设置固定支座，与支承结构现浇混凝土连接。几乎没有两端均采用固定支座连接方式的楼梯，因为地震中楼梯是逃生通道，应当避免与主体结构互相作用造成损坏，有的楼梯滑动端与支承构件之间的竖缝甚至没有做填塞处理，只留明缝。

4. 楼梯安装节点构造

预制楼梯安装节点构造（教学视频）

固定铰节点和滑动铰节点的构造分别如图4.1.3和图4.1.4所示，先在主体结构上预埋M16的C级螺栓，将预制梯段上预留的孔洞套至螺栓上，如果采用固定铰节点，则需要在孔洞内浇筑细石混凝土后密封处理；而对于滑动铰节点，只需对梯段孔做密封处理即可。

预制楼梯固定节点构造如图4.1.5所示，固定端支承节点楼梯如图4.1.6所示，预制楼梯内的钢筋需伸入梁、板结构中后浇锚固。其中，梯段底钢筋锚入梁中至少$5d$（d为钢筋直径）且至少到梁中线；梯段板上部钢筋可伸入板内锚固，也可伸入梁内锚固，当其伸入梁内锚固时，水平锚固段钢筋充分利用其强度时不应小于$0.6l_{ab}$，设计按铰接时不应小于$0.35l_{ab}$，其伸入梁内长度不应小于$15d$。

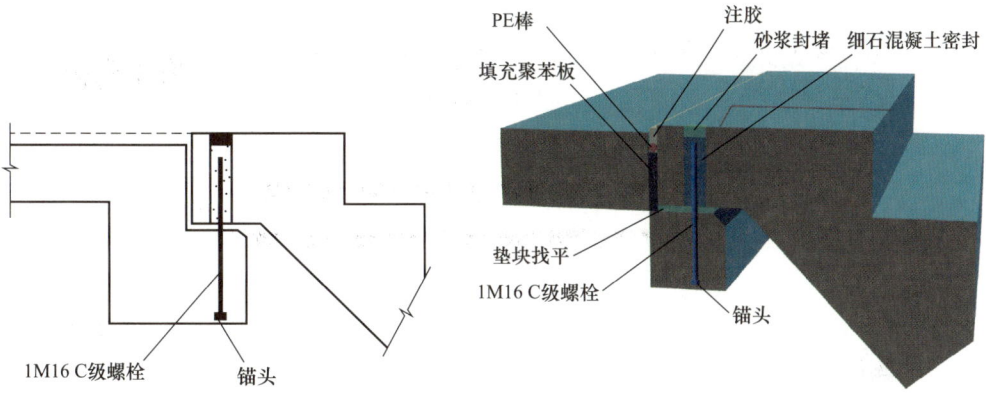

图4.1.3　固定铰节点构造

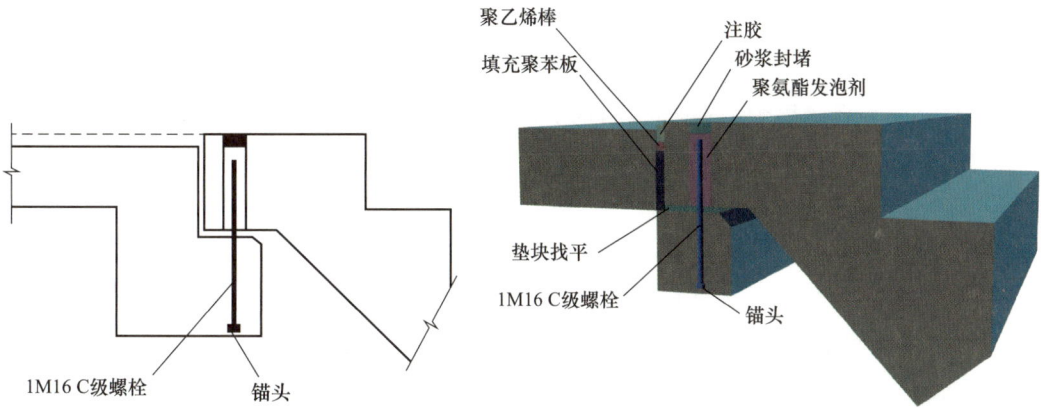

图4.1.4　滑动铰节点构造

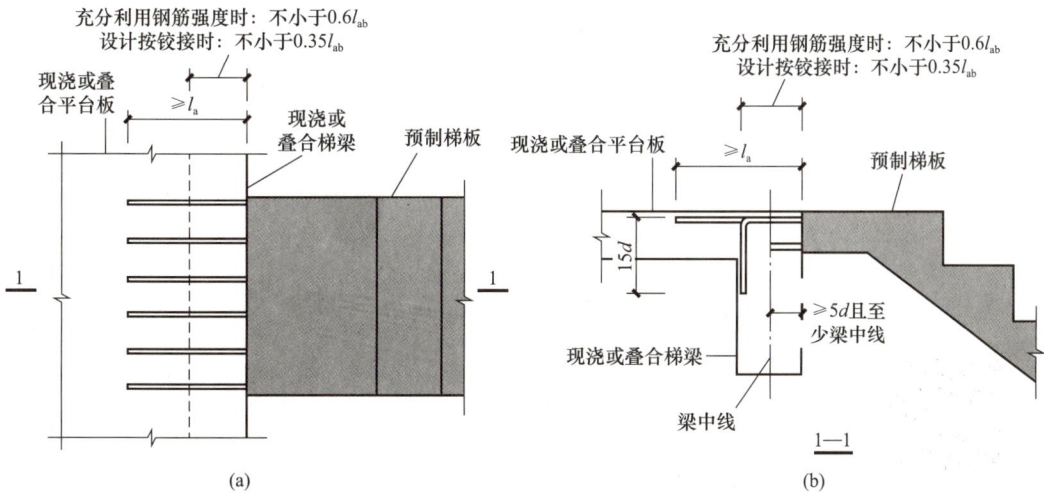

l_{ab}—钢筋基本锚固长度；l_a—钢筋计算锚固长度。

图4.1.5　固定节点构造

图4.1.6　固定端支承节点楼梯

　　预制楼梯伸出钢筋部位的混凝土表面与现浇混凝土结合处应做成粗糙面，粗糙面的面积不宜小于结合面的80%，预制板的粗糙面凹凸深度不应小于4mm，预制梁端、预制柱端、预制墙端的粗糙面凹凸深度不应小于6mm。

　　预制楼梯滑动支座节点构造如图4.1.7所示，预制段搁置在下端梯梁上的搁置长度a应为一个梯段宽，梯段与平台预留50mm缝隙，采用聚苯板填充。

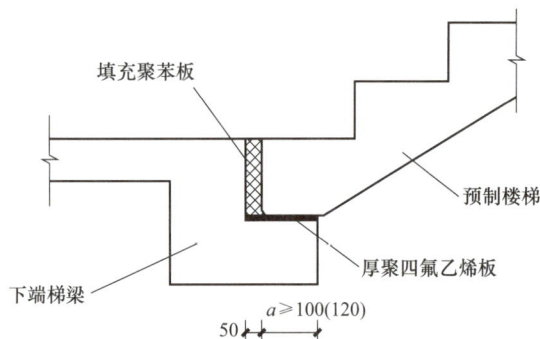

图4.1.7　滑动支座节点构造

4.1.4　预制楼梯板面与板底纵向钢筋

预制楼梯板面与板底纵向钢筋（教学视频）

　　关于楼梯纵向钢筋，《装规》规定：预制板式楼梯的梯段板底应配置通长的纵向钢筋。板面宜配置通长的纵向钢筋；当楼梯两端均不能滑动时，板面应配置通长的钢筋。

　　该规定有两个"应"一个"宜"。对于简支楼梯板，板底受拉，只在支座处弯矩为零，所以"应"配置通长钢筋。简支楼梯板的板面受压，但考虑在吊装、运输、安装过程中受力复杂，所以建议配置通长钢筋，用"宜"表述。当楼梯板两端都是固定节点时，有了负弯矩，板面有了拉应力，所以"应"配置通长钢筋。

知识拓展

预制楼梯在建筑工业化中占有重要的地位，楼梯作为非承重构件，是建筑中垂直运输的重要组成部分，并且楼梯具有楼梯间形式规整、尺寸统一等特点，是具有大规模推广应用前景的预制构件之一。预制楼梯符合绿色生态可持续发展的理念，具有标准化程度高、成型质量好、施工安装速度快、可大规模生产等优点，能改善现场施工环境，减少建筑材料的浪费，缩短施工周期，它是装配式混凝土建筑体系中使用频率较高的中小型预制构件。预制装配式钢筋混凝土楼梯根据构件尺度的差异，通常分为小型装配式构件和大中型装配式构件两大类。

小型预制装配式楼梯的特点是构件体型较小，质量小，制作容易，但是施工速度慢，湿作业多，适用于施工条件较差的地区。小型预制装配式楼梯的预制构件主要是钢筋混凝土预制踏步板、平台板、斜梁和平台梁等。预制踏步板根据断面形式不同可以分为"一"字形、L形和三角形3种，图4.1.8所示为三角形预制踏步板。斜梁有矩形、L形和锯齿形等几种形式，"一"字形和L形踏步板与锯齿形斜梁相配套使用，三角形踏步板与矩形、L形斜梁配套使用。平台梁可以采用L形断面，以便与斜梁、平台梁连接；平台板可以采用预制的预应力空心板、实心平板等，平台板可以放置在平台梁上。

图4.1.8　三角形预制踏步板

大中型预制装配式楼梯可以减少预制构件的数量，利用大型吊装工具进行安装，提高施工速度，降低劳动强度。大型预制装配式楼梯是指将平台与梯段板加工成一个构件，可以采用必要的实心大型构件，也可以采用空心构件，这种形式主要适用于专用体系的大型装配式混凝土建筑中，如工业厂房等。中型构件预制装配式楼梯通常将梯段板与休息平台板分开制作，然后通过安装合成。平台板可以采用一般的预应力空心板，单独设置平台梁，或者平台板与平台梁合为一个构件，这时通常采用槽形板。目前，对于装配式混凝土建筑主要采用大中型预制楼梯，故后面针对大中型预制楼梯的制作进行阐述。

预制楼梯包括预制梯段、L形平台梁、平台板。预制楼梯制作主要有以下两种情形。

1）仅预制梯段：预制梯段的端部搭接在L形平台梁的折弯处，平台板架设在L形平台梁上与预制梯段连接，通过在梯段上预埋铁件或预留钢筋与平台焊接或整体连接，如图4.1.9（a）和（b）所示。

2）梯段与楼梯平台作为一个整体进行预制，如图4.1.9（c）所示。

(a) 预埋铁件，仅预制梯段

(b) 预留钢筋，仅预制梯段

(c) 梯段与楼梯平台作为一个整体进行预制

图4.1.9　预制楼梯形式

4.2　预制阳台构造

想一想

预制阳台作为装配式混凝土建筑中一个比较重要的附属构件，它的构造是如何的呢？

4.2.1　预制阳台分类

阳台板为悬挑板式构件，有叠合式和全预制式两种类型。叠合式阳台可分为普通叠合阳台和带桁架钢筋叠合阳台，如图4.2.1所示，当阳台悬挑长度较大时，可采用带桁架钢筋叠合阳台；全预制式阳台又分为全预制板式阳台和全预制梁式阳台，如图4.2.2所示。

(a) 普通叠合阳台

(b) 带桁架钢筋叠合阳台

图4.2.1　预制叠合式阳台

(a) 全预制板式阳台

(b) 全预制梁式阳台

图4.2.2　全预制式阳台

4.2.2　预制阳台构造要求

阳台板宜采用预制构件或叠合构件。预制构件应与主体结构可靠连接，叠合构件的负弯矩钢筋应在相邻叠合板的后浇混凝土中可靠锚固。

对于预制构件，阳台板的负弯矩钢筋在后浇混凝土中的锚固要求如图4.2.3所示：对于全预制板式阳台，板内负弯矩钢筋伸入现浇混凝土长度不应小于12d，且至少伸过梁（墙）中心线；对于全预制梁式阳台，两端预制梁内负弯矩钢筋应伸入现浇结构长度不少于1.1l_a（l_a钢筋基本锚固长度），阳台板内分布钢筋伸入现浇结构长度不少于5d，且伸过梁（墙）中心线。

对于叠合构件，由于上部负弯矩钢筋在现场施工时布置，其布置和构造要求与现浇结构类似。叠合构件中预制板底钢筋的锚固要求如下。

1）当板底为构造配筋时，其钢筋应符合以下规定：叠合板支座处，预制板内的纵向受力钢筋宜从板端伸出并锚入支承梁或墙的后浇混凝土中，锚固长度不应小于5d，且宜过支座中心线。

预制阳台构造
（教学视频）

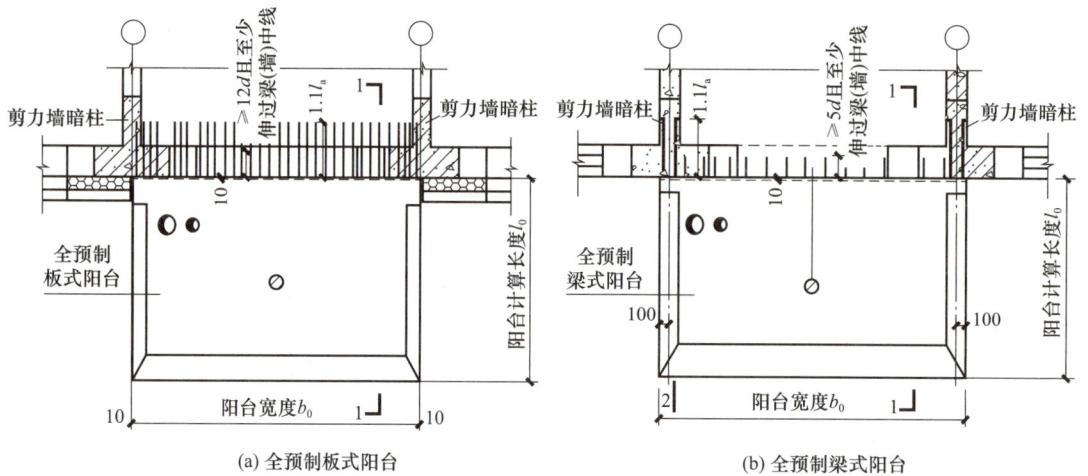

图4.2.3 全预制阳台板负弯矩钢筋在后浇混凝土中的锚固要求

2）当板底为计算要求配筋时，钢筋应满足受拉钢筋的锚固要求。受拉钢筋基本锚固长度也称为非抗震锚固长度，一般来说，在非抗震（或四级抗震条件）构件（如基础筏板、基础梁等）中应用时，表示为l_a或l_{ab}。通常说的锚固长度是指抗震锚固长度l_{aE}，该数值以基本锚固长度乘以相应的系数ζ_{aE}得到。ζ_{aE}在一、二级抗震时取1.15，三级抗震时取1.05，四级抗震时取1.00。

预制阳台板连接
构造（教学视频）

4.2.3 预制阳台板连接构造

预制阳台与主体结构连接节点分别如图4.2.4～图4.2.6所示。

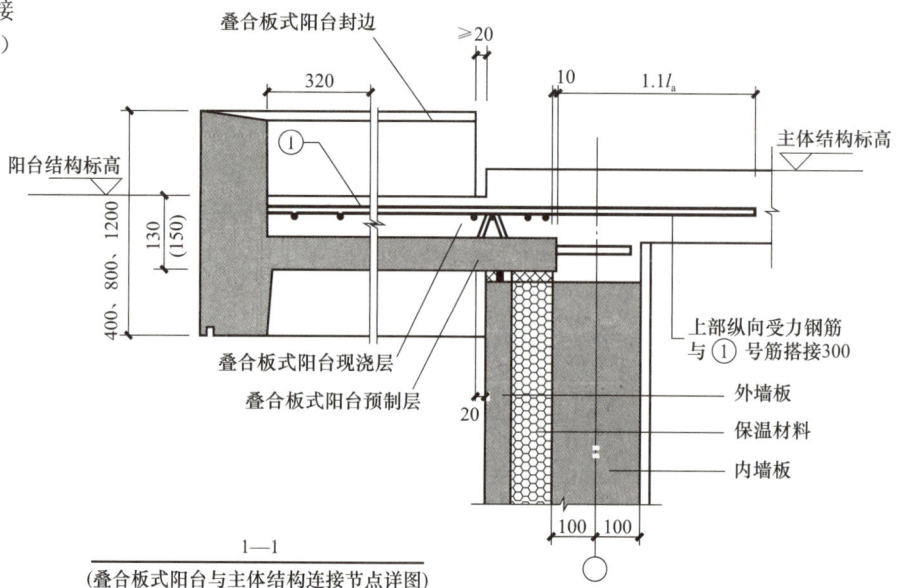

图4.2.4 叠合式阳台板与主体结构连接

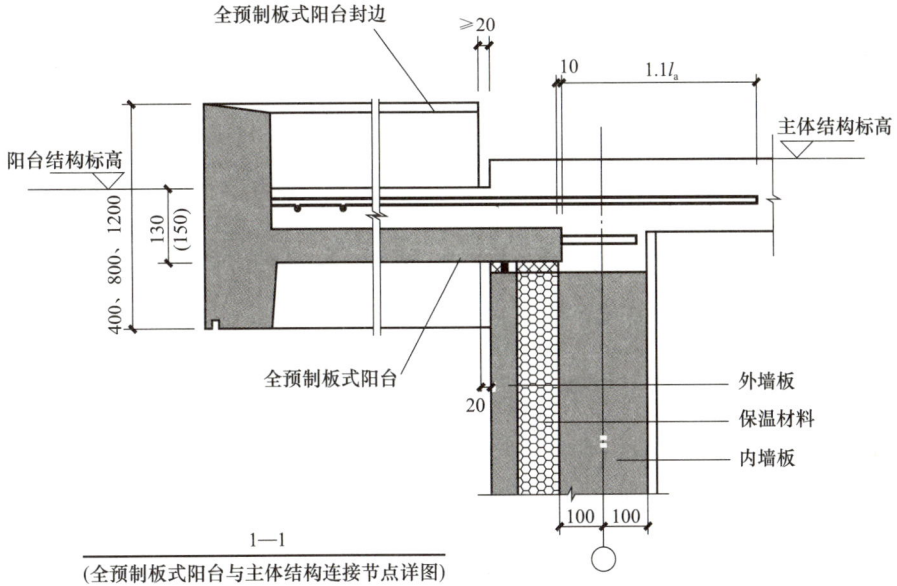

图4.2.5 全预制板式阳台板与主体结构连接

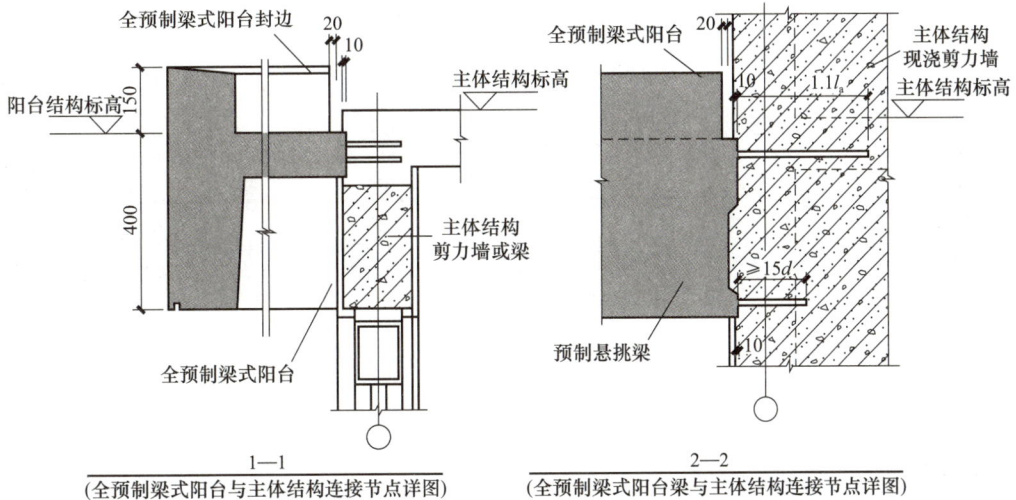

（全预制板式阳台与主体结构连接节点详图）

1—1

图4.2.6 全预制梁式阳台板与主体结构连接

（全预制梁式阳台与主体结构连接节点详图）

1—1

（全预制梁式阳台梁与主体结构连接节点详图）

2—2

4.3 保温隔热构造

想一想

预制构件使用部位不同，其功能构造要求也不同，想一想，内、外墙板都应具有哪些功能构造要求才会起到保温隔热作用呢？

4.3.1 概述

外墙板是装配式混凝土建筑的主要围护构件，其生产工艺和构造技术涉及住宅的安全、舒适、耐久等，并影响建筑的节能效益。预制外墙板在工厂内加工，其结构层、保温层、饰面层等可整合为一体，批量加工后直接运送到施工现场进行装配，构件的尺寸、质量、材料等信息可记录在电子芯片内，以保证质量与能耗的可控，通过与工业化装修技术的集成还可以实现与智能家居部品对接。

依据结构体系的不同，装配式混凝土建筑可采用不同性质的预制外墙板，通常有预制叠合剪力墙板、预制夹芯结构墙板和预制外挂墙板等，如图4.3.1所示。前两种墙板参与结构受力，在装配整体式住宅中有时需要结合施工现场采用现浇工艺，而预制外墙挂板属于非承重构件，完全在工厂内制作，如图4.32所示。中间夹有保温层的预制混凝土外墙板简称夹芯外墙板。应用预制外墙板会使住宅立面产生大量板缝，其节点形式和构造层次需要特定的工艺进行加工，因而在住宅设计阶段必须将构造做法与生产工艺协同设计。

(a) 预制叠合剪力墙板　　　(b) 预制夹芯结构墙板　　　(c) 预制外挂墙板

图4.3.1　预制外墙板

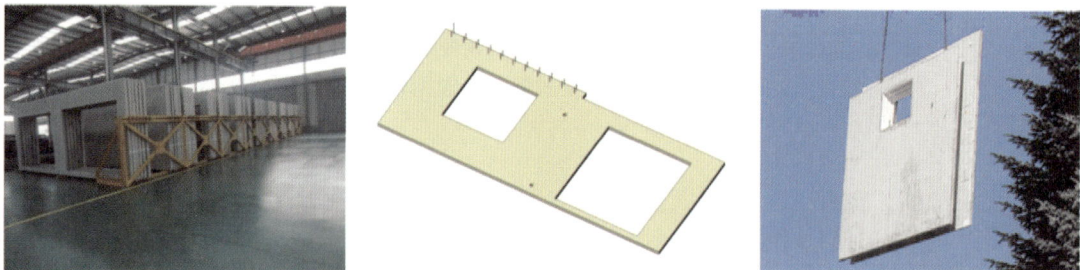

(a) 预制工厂成品　　　(b) 示意图　　　(c) 现场吊装

图4.3.2　预制工厂成品与现场吊装

外墙饰面及门窗框宜在工厂加工完成。外墙饰面宜采用耐久、不宜污染的材料。采用反打一次成型的外墙饰面材料，其规格尺寸、材质类别、连接构造等应进行工艺试验验证，如图4.3.3所示。

图4.3.3 带外墙饰面的外墙板

4.3.2 预制外墙板构造要求

1. 预制外墙板接缝

预制外墙板接缝应满足保温、防火、隔声的要求。

夹芯外墙板中的保温材料，其导热系数不宜大于0.04W/（m·K），体积比吸水率不宜大于0.3%，燃烧性能不应低于国家标准《建筑材料及制品燃烧性能分级》（GB 8624—2012）中B2级的要求。

2. 保温隔热构造技术

高层装配式住宅大部分的建筑能耗是通过外围护结构流失的，因此预制外墙板的节能性直接影响建筑的节能效益，而外墙板的节能主要依靠其保温隔热构造技术。

预制外墙板的保温构造分为自保温和材料保温。自保温依靠墙板材料自身的性能来满足住宅保温需求，如单一材料的预制外墙板。材料保温主要通过附加保温层来达到保温要求，通常的形式有外保温、内保温和夹芯保温，在工厂内把保温材料与结构墙板一起预制可以生产出各种类型的复合保温外墙板。

3. 预制外墙板外保温构造

外墙板外保温是把保温材料铺设在预制墙板的外侧，使结构墙体不能直接与室外空气发生热传递，但是由于保温层处于室外，其材料

预制外墙板保温构造（教学视频）

必须具有良好的耐候性和防水性。

外墙板外保温构造优点如下：

1）保温性能良好，可覆盖整个外墙面，对主体结构起到保护作用。

2）可以减少墙体内部产生冷凝水，不占用室内空间，方便室内装修。

3）隔断外墙体与潮气的直接接触，有效消除墙体内存在的热桥。

当外保温技术应用于高层装配式混凝土住宅时，其选材和安装还要结合工程施工的特性。传统外墙外保温工程需要搭设脚手架，待墙体结构施工完毕后在墙体的外侧铺设保温材料；而工业化住宅的外墙板是直接安装的，现场通过机械设备吊装就位，不需要搭设脚手架，因此可以将外保温材料和墙体一起预制，再结合饰面材料做保护层，其构造示意如图4.3.4所示。

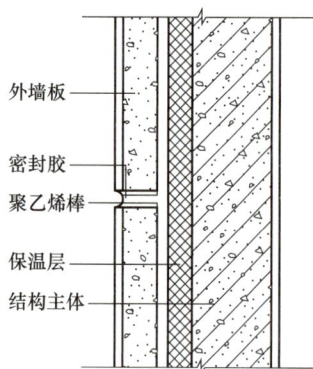

图4.3.4 预制外墙板外保温构造

4. 预制外墙板内保温构造

外墙板内保温构造方式是将保温层置于墙体的内侧，便于施工且不影响外墙饰面装修，在夏热冬冷地区使用较多。内保温用于高层住宅，可以避免保温层脱落等安全问题，方便施工维修，利于防火，特别是对位于台风地区的高层住宅，内保温构造是一种可靠的保温方式。

内保温构造技术应用于装配式混凝土住宅，具有以下优点：

1）内保温做法无须搭设脚手架，且可以和预制外墙板错层同步施工。根据工程经验，当四层楼的墙板装配完成之后，一层楼的外墙便可以开始进行内保温的铺设，这种分层施工的做法有利于发挥工业化住宅的效率优势。

2）内保温与预制外墙板同步施工，可结合内部装饰，有利于精装房的推广。精装房减少了二次装修造成的浪费，还可避免二次装修对保温层造成的破坏。

3）传统内保温构造墙体容易产生热桥，使用预制外挂墙板可以有效解决这一问题。外挂墙板与主体结构一般要求留出50mm的缝隙，在混凝土梁柱等部位的板缝内可以嵌填防火保温材料，形成连续保温面，从而消除热桥影响，其构造示意如图4.3.5所示。

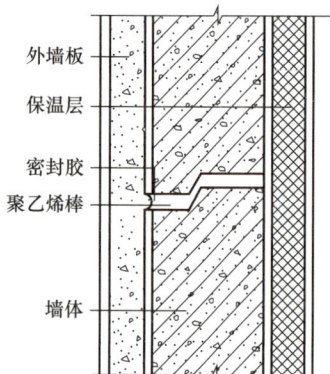

图4.3.5 预制外墙板内保温构造

5. 预制外墙板夹芯保温构造

夹芯保温构造是将保温材料置于墙体的中间，组成复合型的保温外墙板，俗称"三明治板"，如图4.3.6所示。夹芯保温构造技术适用于预制外墙板，便于工厂加工，对保温材料起到防护作用，能够集墙体保温、防水和装饰于一体，是预制混凝土外墙板未来的发展重点。夹芯保温外墙板一般由内叶板、保温层、外叶板和连接件组成，其构造措施应注意以下几点：

1）预制夹芯保温墙板内往往设有混凝土肋，易在结构梁柱等地方形成热桥，要注意采取阻断热桥措施。

2）预制夹芯墙板在制作中要防止浇捣混凝土时移位产生贯通的混凝土肋。夹芯墙板可以取消板端的混凝土肋，只采用连接件固定保温层和内外板，此时应减少金属连接件的热桥影响。当使用纤维增强塑料连接件代替金属连接件时，应保证材料强度，防止产生变形。

3）夹芯墙板的保温层和内外叶板整体浇筑，内部保温材料不便于更换，而保温材料耐久性要低于混凝土板，往往会先老化失效，因此要求内置的保温材料具备良好的耐久性。

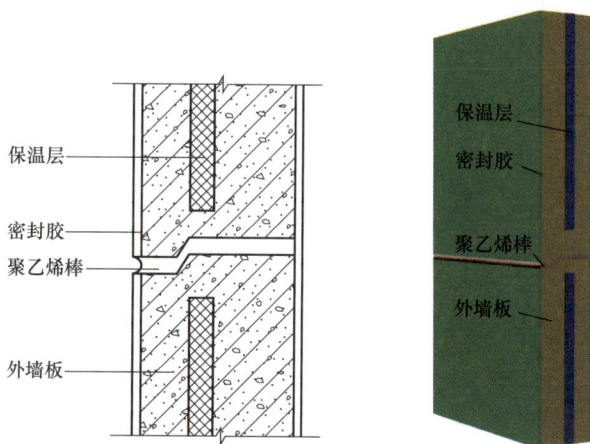

图4.3.6 夹芯保温外墙板构造

6. 预制外墙板接缝节点保温构造

预制墙板的接缝使保温层难以结合为整体，形成连续完整的保温面，内保温虽然能够在墙体内侧连续铺设，但是外侧的拼缝还是会流失大量热能。为了加强保温，应该在预制外墙板的接缝处做保温处理。一般可以向接缝内喷射聚氨酯发泡剂，或结合防水措施在接缝内嵌填保温材料，如图4.3.7所示。

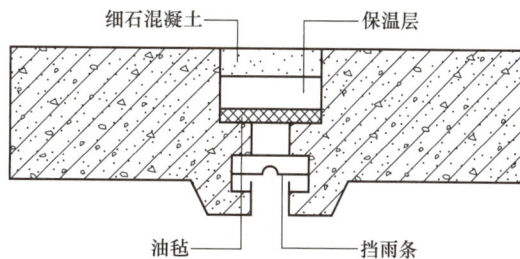

图4.3.7 板缝内设保温材料

7. 装配构造

根据外挂墙板和框架梁柱的位置关系，预

制外墙板与主体结构的连接方式可分为下承式和上承式。下承式是将墙板的下端支承在框架梁或楼板边缘，墙板的上端仅起到拉结作用，墙身自重主要通过下部支座传递给主体结构［图4.3.8（a）］。上承式是通过预埋在墙板上端的销轴连接件与主体结构的预埋件连接，下部宜采用限位连接（允许墙板水平位移）的方式将上下两块墙板焊接［图4.3.8（b）］。上承式中墙板自身的荷载通过上端连接部位传递给主体结构，下端起到拉结作用，结构受力为上悬下拉。

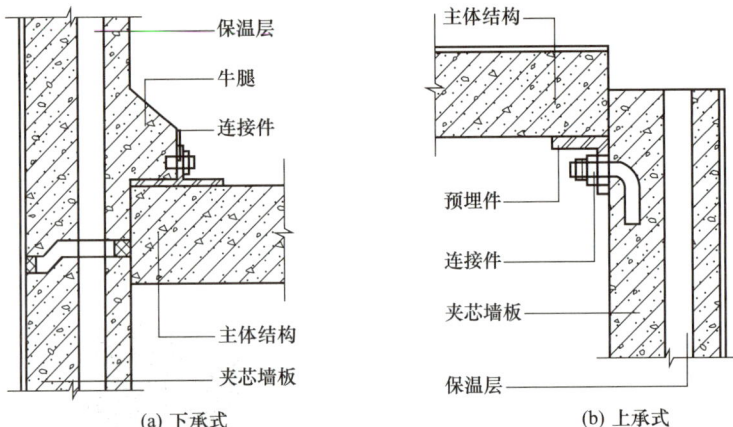

(a) 下承式　　　　　　　　　(b) 上承式

图4.3.8　预制外墙板与主体结构的连接方式

8. 保温防火构造

夹芯保温构件使用B级保温材料时，为更好地提高防火性能，可在窗口、板边处用A级保温材料封边，封边宽度为100mm；在墙板连接点也须填塞A级保温材料。其中，窗口部位应是加强防火措施的重点部位。窗口和板边A级保温材料封边示意图如图4.3.9所示。

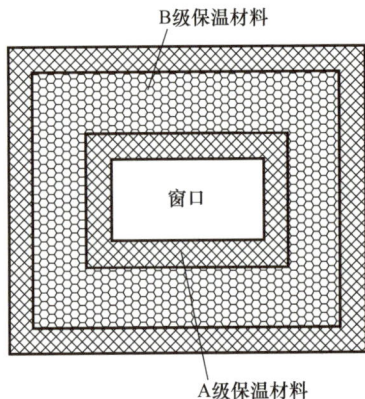

图4.3.9　窗口和板边A级保温材料封边

知识拓展 🏠

国内有科研机构和企业研发了PC建筑保温新做法，这里做简单介绍。

1. 双层轻质保温外墙板

双层轻质保温外墙板（图4.3.10）是用低导热系数的轻质钢筋混凝土制成的墙板，分结构层和保温层两层。结构层混凝土强度等级C30，密度为1700kg/m³，导热系数λ约为0.2，比普通混凝土提高了隔热性能；保温层混凝土强度等级C15，密度为1300～1400kg/m³，导热系数λ约为0.12。结构层与保温层钢筋网之间有拉结筋。保温层表面或直接涂漆，或做装饰混凝土面层。

双层轻质保温外墙板的优点是制作工艺简单，成本低。双层轻质保温外墙板采用憎水型轻骨料，可用在不太寒冷的地区。

2. 无龙骨锚栓干挂装饰面板

无龙骨锚栓干挂装饰面板就是在保温层外干挂石材或装饰混凝土板，但不用龙骨。由于预制墙板具有较高的精度，可以在制作时准确埋置内埋式螺母，因此，干挂石材或装饰混凝土板可以省去龙骨，干挂石材的锚栓直接与内埋式螺母连接，如图4.3.11所示。

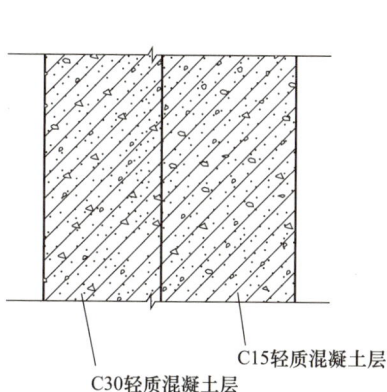

图4.3.10　双层轻质保温外墙板

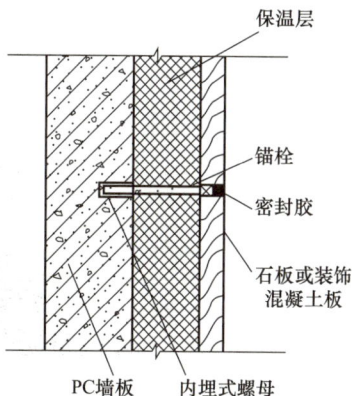

图4.3.11　无龙骨锚栓干挂装饰面板

无龙骨锚栓干挂装饰面板与夹芯保温墙板比较，由于没有外叶板，减小了质量；与传统的保温层薄壁抹灰方式比较，不会脱落，可靠安全；与有龙骨幕墙相比，节省了龙骨材料和安装费用。无龙骨锚栓干挂装饰面板保温材料可以用岩棉等A级保温材料，此种方法仅限于石材幕墙或装饰混凝土幕墙。

4.3.3　外墙板保温存在的问题

目前，我国大多数住宅采用外墙外保温方式，即将保温材料（聚苯乙烯板）粘在外墙上，挂玻璃纤维网，抹薄灰浆保护层。外墙外保温具有保温节能效果好、不影响室内装修的优点，但目前用于粘贴抹薄灰浆的方式存在以下3个问题：

1）薄壁保护层容易裂缝和脱落，这是常见的质量问题。

2）保温材料本身也会脱落，已经发生过多起脱落事故。

3）薄壁灰浆保护层防火性能不可靠，有火灾隐患，已发生过多起保温层着火事故。

4.3.4　内墙板构造

预制内墙板保温
构造（教学视频）

内墙板（图4.3.12）的主要功能要求是隔声、防火及结构稳定性等。《建筑轻质条板隔墙技术规程》（JGJ/T 157—2014）规定，内墙板的隔声指数不小于45dB，耐火等级不应低于1.5h（高层不低于2.5h）。

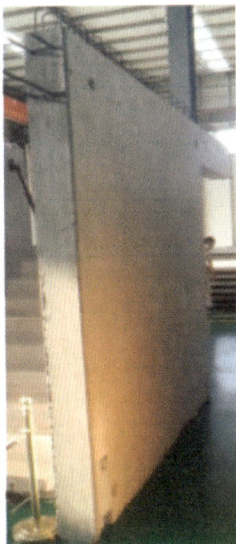
(a) 实物图

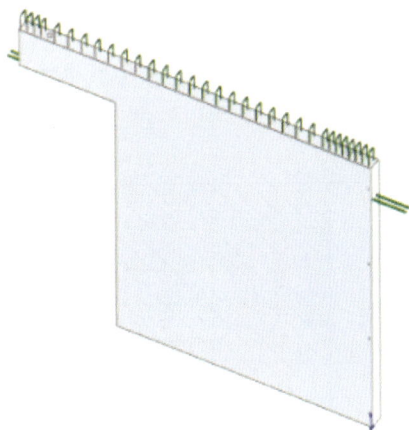
(b) 模型图

图4.3.12　内墙板

内墙板应适应建筑形式，在长度方向模数尺寸（长度采用3M数列）主要为2400mm、2700mm、3000mm、3300mm、3600mm、3900mm、4800mm、5100mm；此外，推荐尺寸为4200mm、4500mm。由于各地区的构造做法不同，规范规定：内墙板的两端与定位轴线的距离为1/2M的整数倍限定。高度的层高尺寸为2700mm、2800mm，实际尺寸由层高减去楼板厚度及构造尺寸组成。厚度尺寸为140mm、160mm，推荐尺寸为120mm、180mm。

隔墙板形式比较复杂，在长度方向模数上没有限制，层高与内墙板相同，厚度为50mm、60mm、70mm 3种。

我国新型墙材发展的必然趋势是：黏土质墙材向非黏土质墙材发展，实心制品向空心制品发展，小块制品向大、中块制品发展，块状制品向条状装配式制品发展，重型墙体向轻型墙体发展。

4.4 整体卫浴间构造

想一想

整体卫浴间和传统卫浴间相比，更能推进住宅施工品质的提高和工艺便捷化。

想一想，整体卫浴间按照功能的不同组合，可以分为哪些类型呢？

4.4.1　整体卫浴间功能的不同组合

整体卫浴间是由一件或一件以上的卫生洁具、构件和配件经工厂组装或现场组装而成的具有卫浴功能的整体空间。整体卫浴间按功能的不同组合，分为12种类型，见表4.4.1、图4.4.1。

整体卫浴
（教学视频）

表4.4.1　整体卫浴间类型

组合形式	类型	代号	功能
单一功能	便溺类型，参见图4.4.1（a）	01	供便溺用
	盥洗类型，参见图4.4.1（b）	02	供盥洗用
	淋浴类型，参见图4.4.1（c）	03	供淋浴用
	盆浴类型，参见图4.4.1（d）	04	供盆浴用
双功能组合式	便溺、盥洗类型，参见图4.4.1（e）	05	供便溺、盥洗用
	便溺、淋浴类型，参见图4.4.1（f）	06	供便溺、淋浴用
	便溺、盆浴类型，参见图4.4.1（g）	07	供便溺、盆浴用
	盆浴、盥洗类型，参见图4.4.1（h）	08	供盆浴、盥洗用
	淋浴、盥洗类型，参见图4.4.1（i）	09	供淋浴、盥洗用
多功能组合式	便溺、盥洗、盆浴类型，参见图4.4.1（j）	10	供便溺、盥洗、盆浴用
	便溺、盥洗、淋浴类型，参见图4.4.1（k）	11	供便溺、盥洗、淋浴用
	便溺、盥洗、盆浴、淋浴类型，参见图4.4.1（l）	12	供便溺、盥洗、盆浴、淋浴用

(a) 便溺类型

(b) 盥洗类型

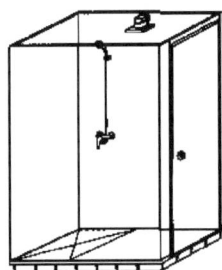

(c) 淋浴类型

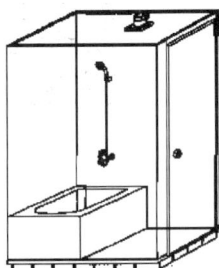

(d) 盆浴类型

(e) 便溺、盥洗类型

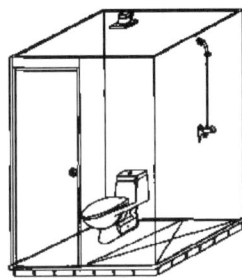

(f) 便溺、淋浴类型

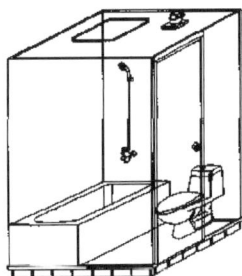

(g) 便溺、盆浴类型

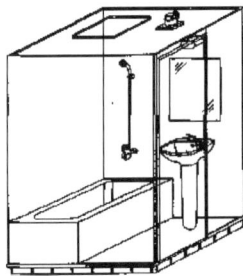

(h) 盆浴、盥洗类型

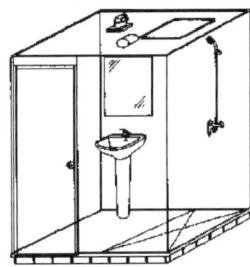

(i) 淋浴、盥洗类型

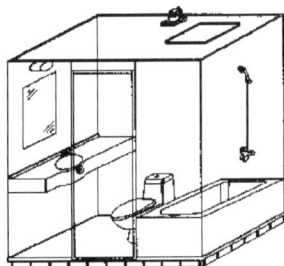

(j) 便溺、盥洗、盆浴类型

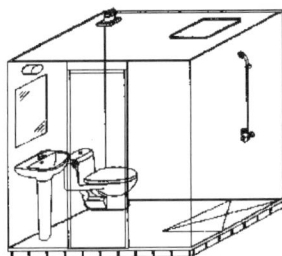

(k) 便溺、盥洗、淋浴类型

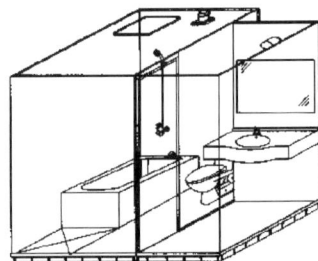

(l) 便溺、盥洗、盆浴、淋浴类型

图4.4.1 整体卫浴间类型

整体卫浴间按代号、短边、长边、类型代号的顺序进行标记，如图4.4.2所示。

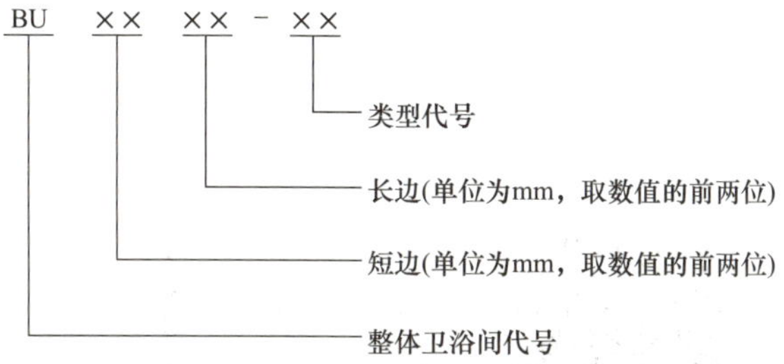

BU　××　××－××

类型代号

长边(单位为mm，取数值的前两位)

短边(单位为mm，取数值的前两位)

整体卫浴间代号

示例1：BU0912-01，表示短边为900mm，长边为1200mm，具有便溺功能的整体卫浴间。
示例2：BU1416-05，表示短边为1400mm，长边为1600mm，具有便溺、盥洗功能的整体卫浴间。
示例3：BU1618-11，表示短边为1600mm，长边为1800mm，具有便溺、盥洗、淋浴功能的整体卫浴间。

图4.4.2　整体卫浴间类型代号

国际上，整体卫浴间一般被称为unit bathroom或system bathroom，国内被称为整体浴室、整体卫浴、整体卫生间、系统卫浴等，是采用一体化防水底盘或浴缸和防水底盘组合、壁板、顶板构成的整体框架（图4.4.3），配上各种功能洁具形成的独立卫生单元，具有淋浴、盆浴、洗漱、便溺四大功能或这些功能之间的任意组合功能。

整体卫浴间（图4.4.4）的壁板已从20世纪90年代的单SMC板和单色钢板、21世纪彩色SMC板发展为目前的彩钢板，甚至为适应国内市场需求，大理石壁板也已经开始出现。整体卫浴间的防水盘一般分为SMC、SMC＋瓷砖或者是SMC＋石材等几种主要形式，目前主要形成了A、B、C三个大类的产品，如表4.4.2和表4.4.3所示。

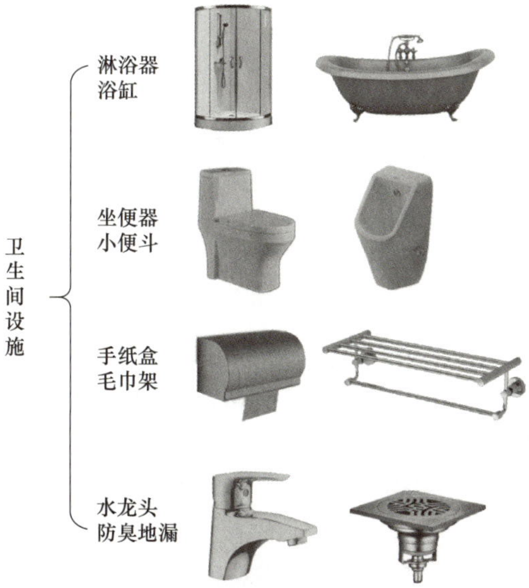

图4.4.3　卫生间设施

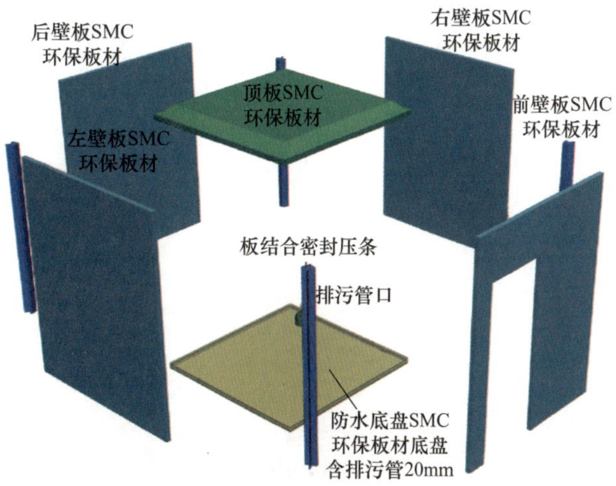

图4.4.4　整体卫浴间功能分解

表4.4.2　整体卫浴间A、B类产品

类型	A标	A1	B标	B1	B2
壁板类型	瓷砖	石材	PET彩钢板	PET彩钢板	PET彩钢板
底盘类型	SMC＋瓷砖	SMC＋石材	SMC彩色覆膜	SMC＋瓷砖	SMC＋石材
产品定位	超高级住宅和高级别墅		高级住宅和独栋住宅		
产品图例					

表4.4.3　整体卫浴间C类产品

类型	C标	C1	C2
壁板类型	SMC单色	SMC彩色覆膜	SMC彩色
底盘类型	SMC单色	SMC单色	SMC彩色覆膜
产品定位	经济型宾馆、保障房和刚需类商品住宅		
产品图例			

4.4.2　整体卫浴间优势

整体卫浴间的优势如下。

1）防止漏水：采用具有高防水、高绝缘、抗腐蚀、抗老化等性能的材料制作专业底盘，在大型压机施加高压和高温下，使材料一体化成型，省去做防水、抹水泥等工序，彻底消除传统卫生间的渗漏隐患。

2）质量可靠：工厂化生产，杜绝现场人为因素对施工质量的影响。

3）干法施工，简便快捷：现场组装，效率提高，有效缩短施工周期。

4）环保安全：在生产、组装过程中不污染环境，减少建筑垃圾产生。

5）超长耐用，终身服务：作为产品整装出售安装，可以提供长时间售后服务。

4.4.3　整体卫浴间选择技术要求

1. 一般要求

整体卫浴间设计应方便使用、维修和安装。整体卫浴间内空间尺寸偏差允许为±5mm。壁板、顶板、防水底盘材质的氧指数不应低于32。壁板、顶板的平整度和垂直度公差应符合图样及技术文件的规定。门用铝型材等复合材料用其他防水材质制作。洗浴可供冷水和热水，并有淋浴器。便器应用节水型。洗面器可供冷水和热水，并备有镜子。整体卫浴间应能通风换气。整体卫浴间应有在应急时可从外面开启的门。坐便器及洗面器应排水通畅，不渗漏，产品应自带存水弯或配有专用存水弯，水封深度至少为50mm。整体卫浴间应便于清洗。冬季寒冷地区应考虑采暖设施。

2. 构配件要求

1）浴缸：玻璃纤维增强塑料浴缸应符合《玻璃纤维增强塑料浴缸》（JC/T 779—2010）的规定；FRP浴缸、丙烯酸浴缸应符合《住宅浴缸和淋浴底盘用浇铸丙烯酸板材》（JC/T 858—2000）的规定；搪瓷浴缸应符合《搪瓷浴缸》（QB/T 2664—2004）的规定。浴缸宜配有侧板，并可与整体卫浴间固定。

2）卫生洁具：洗面器、淋浴器、坐便器及低水箱等陶瓷制品应符合《卫生陶瓷》（GB/T 6952—2015）的规定，也可采用玻璃纤维增强塑料或人造石制作，并应符合相应的标准；坐便洁身器应符合《坐便洁身器》（JG/T 285—2010）的规定。

3）卫生洁具配件：包括浴盆水嘴、洗面器水嘴、低水箱配件及排水配件。浴盆水嘴应符合《浴盆及淋浴水嘴》（JC/T 760—2008）的规定；洗面器水嘴应符合《面盆水嘴》（JC/T 758—2008）的规定；水箱配件应符合《卫生洁具 便器用重力式冲水装置及洁具机架》（GB 26730—2011）的规定；排水配件应符合《卫生洁具排水配件》（JC/T 932—2013）的规定，排水配件也可采用耐腐蚀的塑料制品、铝制品等，且应符合相应的标准。

4）管道、管件及接口：整体卫浴间内所用管道、管件应不易锈蚀，并应符合相应的标准。管道与管件接口应互相匹配，连接方式应安全可靠，并无渗漏。管道与管件应定位、定尺设计，施工误差精度为±5mm。预留安装坐便洁身器的给水接口、电接口应符合相关标准的要求。排水管道布置宜采用同层排水方式，并应为隐蔽工程。

5）电器：照明灯、换气扇、烘干器及电源插座等均应符合相应的标准。插座接线应符合《建筑电气工程施工验收规范》（GB 50303—2015）的规定。除电器设备自带开关外，外设开关不应置于整体卫浴间内。

6）其他配件：毛巾架、浴帘杆、手纸盒、肥皂盒、镜子及门锁等配件应采用防水、不易生锈的材料，并应符合相应的标准或图样及技术文件的规定。

3. 构造要求

整体卫浴间应与建筑结构牢固连接。组装整体卫浴间所需的配件按以下两类选定。

1）主要配件：浴盆、浴盆水嘴、洗面器、洗面器水嘴、坐便器、低水箱、隐蔽式水箱或自闭冲洗阀、照明灯、肥皂盒、手纸盒、毛巾架、换气扇及镜子等。

2）选用配件：妇洗器或淋浴间、浴缸扶手、梳妆架、浴帘、衣帽钩、电源插座、烘干器、清洁箱、电话、紧急呼唤器等。

其中，易锈金属不应外露在整体卫浴间内，与水直接接触的木器应做防水处理。整体卫浴间地面应安装地漏，并应防滑和便于清洗，地漏必须具备存水弯，水封深度不应小于50mm。构件、配件的结构应便于保养、检查、维修和更换。电器及线路不应漏电，电源插座宜设置独立回路，所有裸露的金属管线应以导体相互连接并留有对外连接的PE线的接线端子。

无外窗的卫生间应设有防回流构造的排气通风道，并预留安装排气机械的位置和条件。组成整体卫浴间的主要构件、配件应符合有关标准、规范的规定。

4. 外观要求

玻璃纤维增强塑料制品表面应光洁平整、颜色均匀、无龟裂、无气泡且无玻璃纤维外露。玻璃纤维增强塑料颜色基本色调为象牙白和灰白。金属配件外观应满足：①表面加工良好，无裂纹、无伤痕、无气孔等，且表面光滑，无毛刺；②镀层无剥落或颜色不均匀等现象；③金属配件应做防锈、防腐处理。其他材料无明显缺陷和无毒、无味。

5. 使用性能要求

浴盆可洗浴，浴缸可供冷、热水，有淋浴器。便器可排便，便后可一次冲净。盥洗器可洗漱，洗面器水龙头可供冷、热水，备有镜子。卫浴间应有脱换衣物必需的空间。卫浴间应能通风换气。进出口有门，应急时可从外面打开门锁。浴缸、坐便器及洗面器均能排水，并确保排水通畅，通水后不渗漏。卫浴间应便于清洗，清洗后地面不积水。无其他不安全及影响使用的故障。

此外，还应选择可用于正常工作，安全、不漏电的电器，电绝缘。确保耐湿热性、强度、密封性等均能满足要求的产品。

4.4.4　整体卫浴间构造要求

整体卫浴间尺寸系列如表4.4.4所示。

表4.4.4　整体卫浴间尺寸系列　　　　　　　　　　　　　　　单位：mm

方向		尺寸系列（净尺寸）
水平	长边	900、1200、1300、1400、1500、1600、1700、1800、2000、2100、2400、2700、3000
	短边	800、900、1000、1100、1200、1300、1400、1500、1600、1700、1800、2000、2100、2400
垂直	高度	2100、2200、2300

不同于传统湿作业内装方式，整体卫浴间的选择需要从住宅设计阶段就开始介入，建设方和设计方要优先选定整体卫浴间的厂商（部品商）。整体卫浴间厂商在设计协调中应对卫浴局部空间进行优化和精细化施工图设计。

1. 整体卫浴间安装空间要求

建筑主体卫生间土建结构内空间尺寸需满足整体卫浴间各型号相应的最小平面安装尺寸和最小高度安装尺寸，安装空间还需考虑建筑墙体误差。住宅设计直排（异层排水）水时，一般壁板高度为2.2～2.4m，最小安装高度为2.6m，横排（同层排水）水时分别为2.2～2.4m、2.7～2.9m。

整体卫浴安装
（教学视频）

建筑设计卫生间尺寸的基本模数为M，整体卫浴间产品尺寸设计应注意模数协调，满足净尺寸为基本模数的倍数要求。整体卫浴间的平面外形尺寸为产品型号所代表的内空净尺寸的宽度和长度各加上100mm，与建筑基本模数一致。由于模具受限制，以优先考虑厂家模具为原则，根据户型要求进行设计协调。

整体卫浴间尺寸示意图如图4.4.5所示。整体卫浴间类型的外形尺寸与净尺寸之差计算方法如下：

1）水平方向：$X_1+X_2＝80～100$mm，$Y_1+Y_2＝80～100$mm。

2）垂直方向：$Z_1+Z_2≤500$mm。

安装尺寸与外形尺寸之差（a_1+a_2、b_1+b_2）允许为20～40mm。

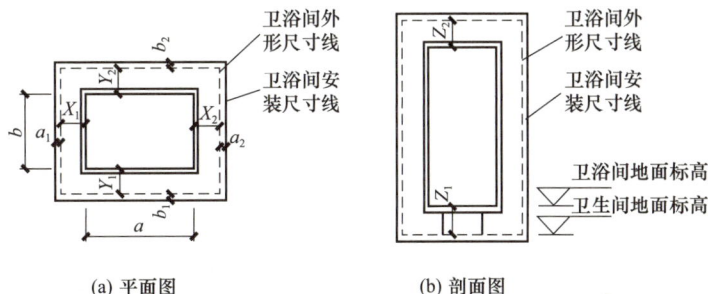

(a) 平面图　　　　　　　(b) 剖面图

a—长度净尺寸；b—宽度净尺寸；a_1、a_2—长度方向外形尺寸与安装尺寸之差；
b_1、b_2—宽度方向外形尺寸与安装尺寸之差；X_1、X_2—长度方向外形尺寸与净尺寸之差；
Y_1、Y_2—宽度方向外形尺寸与净尺寸之差；Z_1、Z_2—高度方向外形尺寸与净尺寸之差。

图4.4.5　整体卫浴间尺寸示意图

底部支撑尺寸h不应大于200mm，如图4.4.6所示。安装管道的整体卫浴间外壁面与住宅相邻墙面之间的净距离a由设计确定。卫生间地面低于同层地面（下沉式）时，则下沉高度不大于200mm；卫生间地面与同层地面相同时，则整体卫浴间地面与同层地面高度差不大于200mm。

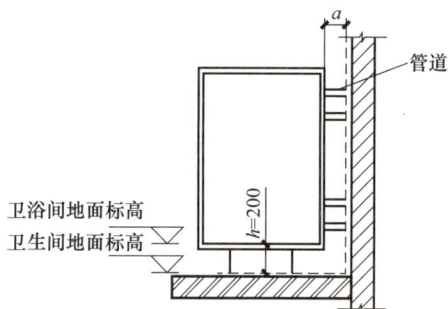

a—卫浴间外壁面与相邻墙面的净距离；h—卫浴间底部支撑尺寸。

图4.4.6　整体卫浴间与地面、墙面关系

2. 整体卫浴间管井

整体卫浴间空间内可在一定程度上进行管井设计，将风道、排污立管、通气管、给水管等设置在管井内，管井尺寸一般设计为300mm×800mm，如图4.4.7所示。不同型号产品管井大小存在差异。

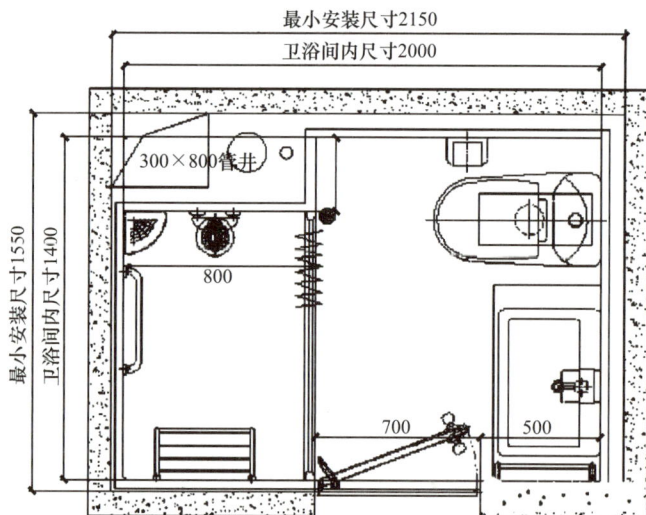

图4.4.7　带有管井的整体卫浴间

给水进水管接头可设计在整体卫浴间顶部，应沿土建顶面走管，整体卫浴间作区域安装面，地面应保持平整，一般不可走其他非排水管管线，如确有必要，需提前做设计协调。

当排水方式为直排时，整体卫浴间正投影面的排水支管管路连接必须待整体卫浴定位后方可进行施工；当排水方式为横排时，要求在管井内预留排污三通口或在整体卫浴间投影区域外开孔走管路至管井，与主排污立管对接，污废合流或污废分流均可。

3. 整体卫浴间防水

整体一次模压成型的高密度、高强度SMC底盘能杜绝渗水、漏水的可能。整体卫浴间楼面可按此方法处理，无须再单独做防水，只需对安装整体卫浴间区域楼面做水平处理，误差要求为±5mm，如图4.4.8所示。

4. 整体卫浴间开窗

整体卫浴间开窗要求：窗户的宽度不能大于整体卫浴间开窗面壁板的宽度，窗户的高度不能大于整体卫浴间开窗面壁板的高度；如窗户高度高出整体卫浴间壁板，建议设计窗户上端为固定扇，下端为活动扇；固定扇玻璃需磨砂处理，要求玻璃不透明，看不到内部空间。整体卫浴间开窗如图4.4.9所示。

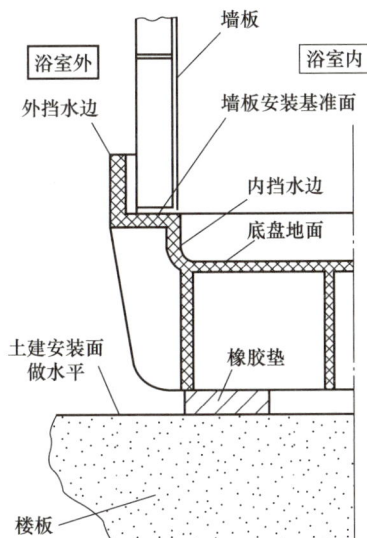

图4.4.8　整体卫浴间防水

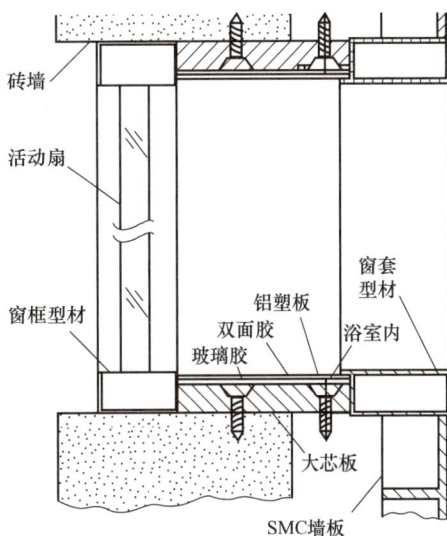

图4.4.9　整体卫浴间开窗

5. 整体卫浴间门洞

使用整体卫浴间时，土建门洞平面位置由整体卫浴间平面方案中门的位置决定，预留门洞高度主要分直排和降板横排两种情况，重点考虑地面内装完成面高度与降板底部的高度差，以预留门洞高度尺寸。若地面完成面尺寸有变动，门洞尺寸也应做相对应变动。整体卫浴间门洞如图4.4.10所示。

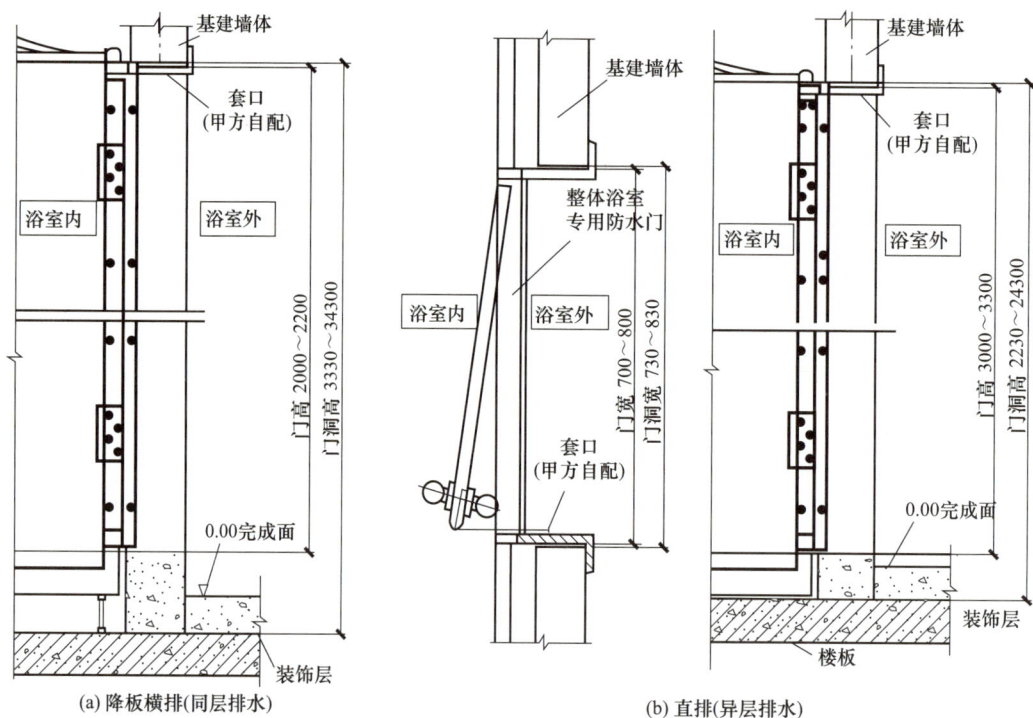

图4.4.10　整体卫浴间门洞

6. 整体卫浴间通风

整体卫浴间通风一般采用顶排风方式，通过PVC软管与成品风道对接；整体卫浴间通风也可采用墙排风方式，壁板高度增加，预留风道口高度相应增加。主体建筑的排风结构可以为成品风道或新风系统等。

由于整体卫浴间材料保温性能良好且无瓷砖的冰冷感，一般情况下整体卫浴间无须做地暖。若在寒冷气候条件下，则采取一般供暖设施即可满足整体卫浴间的供暖需求，如在整体卫浴间顶部安装合适的浴霸、暖风机，或者在整体卫浴间内部预留安装暖气片的接头和安装空间等均可实现卫浴空间内的供暖。

7. 电气专业

应在卫浴间外墙上设计开关，并在卫浴间正投影土建上方预留接线盒且留线。卫浴间单元内电气线路在房间的主控箱必须设有漏电保护装置。如有等电位设计，应预留局部等电位联结端子板，放置到整体卫浴间正投影土建顶部或整体卫浴间总高度以上任意一面可安装的土建墙面的位置。整体卫浴间安装区域若高度足够，可在整体卫浴间顶部上方合适位置设计安装热水器，并设置热水器电源插座。卫浴间内部可设计呼叫按钮、刷卡器等相关弱电设备。卫浴间内部根据配置功能需要，可安装相应数量的防水插座。

学习参考

登录www.abook.cn，搜索本书，下载相关学习参考资料。

本章小结

　　装配式混凝土建筑中的附属构件构造在实际应用中是比较重要的部分。本章主要从预制楼梯构造、预制阳台构造、保温隔热构造、整体卫浴间构造等方面进行阐述。

实践项目　保温隔热墙板节点施工图抄绘

【实践目标】

　　1．掌握识图和抄绘墙身节点详图的方法。

　　2．了解装配式混凝土建筑保温隔热墙板节点构造。

【实践要求】

　　完成有空气层的夹芯保温隔热墙板的剖面图抄绘（比例为1∶100），具体要求如下：

　　1）尺寸标注齐全，字体端正整齐，线型符合标准要求。

　　2）图示内容表达完整，合理可行。

　　3）符合《建筑制图标准》（GB/T 50104—2010），并满足施工图深度要求。

【实践资源】

　　实践参照图如图S.4.1所示。

【实践步骤】

　　1．先定位轴线，根据墙厚绘制墙身轮廓线。

　　2．根据标高尺寸定节点位置（自定标高）。

　　3．检查无误后，擦去多余的线条，按要求加深、加粗线型或上墨线，并且标注尺寸和文字，完成全图。

　　4．教师总结。

【上交成果】

　　完成一张1∶100的保温隔热墙板节点施工图抄绘。

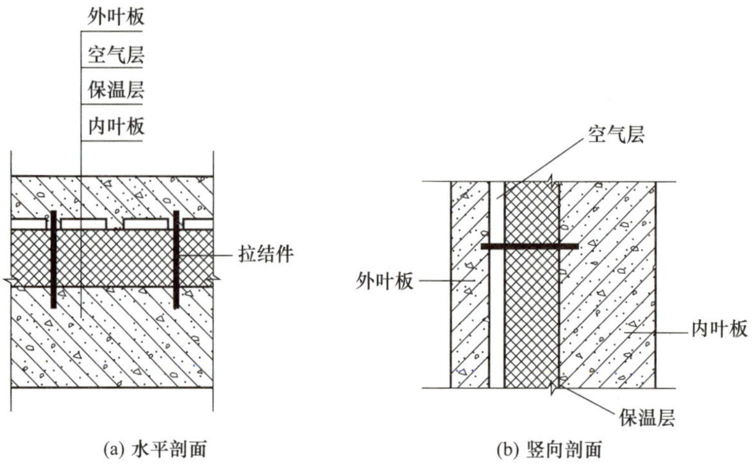

图S.4.1　实践参照图

习　题

1. 预制楼梯在支撑构件上的最小搁置长度不宜小于（　　）mm。

　　A．50　　　　　　　　　　　　　　　B．65

　　C．75　　　　　　　　　　　　　　　D．100

2. 预制楼梯在预制梁端、预制柱端、预制墙端的粗糙面凹凸深度不应小于（　　）mm。

　　A．5　　　　　　　　　　　　　　　　B．6

　　C．7　　　　　　　　　　　　　　　　D．8

3. 叠合式阳台可分为普通叠合阳台和（　　）。

　　A．带桁架钢筋叠合阳台　　　　　　　B．悬挑板阳台

　　C．全预制板式阳台　　　　　　　　　D．全预制梁式阳台

4. 对于全预制板式楼梯，板内负弯矩钢筋伸入现浇混凝土长度不应小于（　　）d。

　　A．9　　　　　　　　　　　　　　　　B．10

　　C．11　　　　　　　　　　　　　　　D．12

5. 《装规》规定，外挂墙板的高度不宜大于一个层高，厚度不宜小于（　　）mm。

　　A．100　　　　　　　　　　　　　　　B．110

　　C．115　　　　　　　　　　　　　　　D．120

6. 下面不是夹芯保温外墙板的组成部分的是（　　）。

　　A．内叶板　　　　　　　　　　　　　B．密封胶

　　C．保温层　　　　　　　　　　　　　D．外叶板

7. 内墙板的主要功能要求是隔声、防火及结构稳定性等，通常内墙板的隔声指数不小于（　　）dB。

　　A．30　　　　　　　　　　　　　　　　B．35

　　C．40　　　　　　　　　　　　　　　　D．45

8. 整体卫浴间的优势有（　　　）点。

    A. 3   B. 4

    C. 5   D. 6

9. 建筑主体卫生间土建结构内空间尺寸需满足整体卫浴间各型号相应的（　　　），安装空间还需考虑建筑墙体误差。

    A. 最小平面安装尺寸

    B. 最小高度安装尺寸

    C. 最大平面安装尺寸和最大高度安装尺寸

    D. 最小平面安装尺寸和最小高度安装尺寸

10. 预制楼梯踏步梯段的支撑方式一般有（　　　）4种形式。

    A. 墙承楼梯、板式楼梯、旋转楼梯和多跑楼梯

    B. 梁式楼梯、板式楼梯、悬臂式楼梯和吊挂式楼梯

    C. 墙承楼梯、板式楼梯、旋转楼梯和吊挂式楼梯

    D. 梁式楼梯、板式楼梯、悬臂式楼梯和双剪楼梯

第 **5** 章 装配式混凝土建筑实例

中建海峡龙湖马鞍湾项目案例

中铁花语金郡住宅项目案例

万科佛山城市花园项目案例

教学PPT

知识目标

1. 理解装配整体式剪力墙方案。
2. 理解装配式框架结构方案。
3. 理解内浇外挂方案。

能力目标

1. 能够识读装配式混凝土建筑施工图。
2. 能够快速学习装配式混凝土建筑的相关技术。
3. 能通过本书内容和课外资料进行自主学习。

素养目标

1. 养成有条不紊、综合统筹的思维习惯以及科技创新意识。
2. 通过对工业化生产的认识，形成勇于创新、不断进取的思维。

知识导引

　　发展装配式混凝土建筑，可减少施工模板用量85%，减少脚手架用量50%，节省钢材2%，节省混凝土7%，节电10%，节水40%，节省施工用地10%，减少建筑垃圾91%以上。更重要的是，由于提高了生产效率，可节省人工20%～30%，缩短工期30%～50%；当形成规模化的建造之后，还可以节省造价10%～15%。建筑结构体系化，构件、部品标准化，安装、连接工法化，标准、体系模数化，管理、调度信息化是装配式混凝土建筑工业化的五大关键因素。

　　通过前面章节的学习，我们掌握了装配式混凝土建筑的建筑形式、结构类型以及国内主流部品生产及建造厂商，装配式混凝土的基本构造、装配式混凝土建筑附属构件及连接构造，装配式混凝土建筑各个构件的基本构造等内容。本章将通过3个案例，阐述装配式混凝土建筑的特点、科技创新等内容。

5.1 上海周康航拓展基地C-04-01地块案例

5.1.1 项目简介

项目名称：周康航拓展基地C-04-01地块。

项目地点：上海浦东新区周浦康桥航头。

开发单位：上海建工汇福置业发展有限公司。

设计单位：上海市建工设计研究总院有限公司。

监理单位：上海市工程建设咨询监理有限公司。

深化设计单位：上海市建工设计研究总院有限公司。

施工单位：上海建工二建集团有限公司。

装配式建筑工程案例——上海周康航拓展基地

本项目地处上海浦东新区周浦康桥航头，其中C-04-01地块北临瑞安路，东为经二路；南至四号河公共绿带；西至经一路。项目土地使用面积24501m²；总建筑面积59785.44m²，地上住宅建筑面积49759m²。本项目共有6栋住宅楼、1栋社区服务用房及1个独立地下车库。其中，3栋18层住宅楼、1栋17层住宅楼、1栋14层住宅楼、1栋13层住宅楼。项目现场航拍图、3号楼标准层平面图如图5.1.1、图5.1.2所示。项目单体预制率为15%，其中，3号楼预制率为27%。

图5.1.1　周康航拓展基地项目现场航拍图

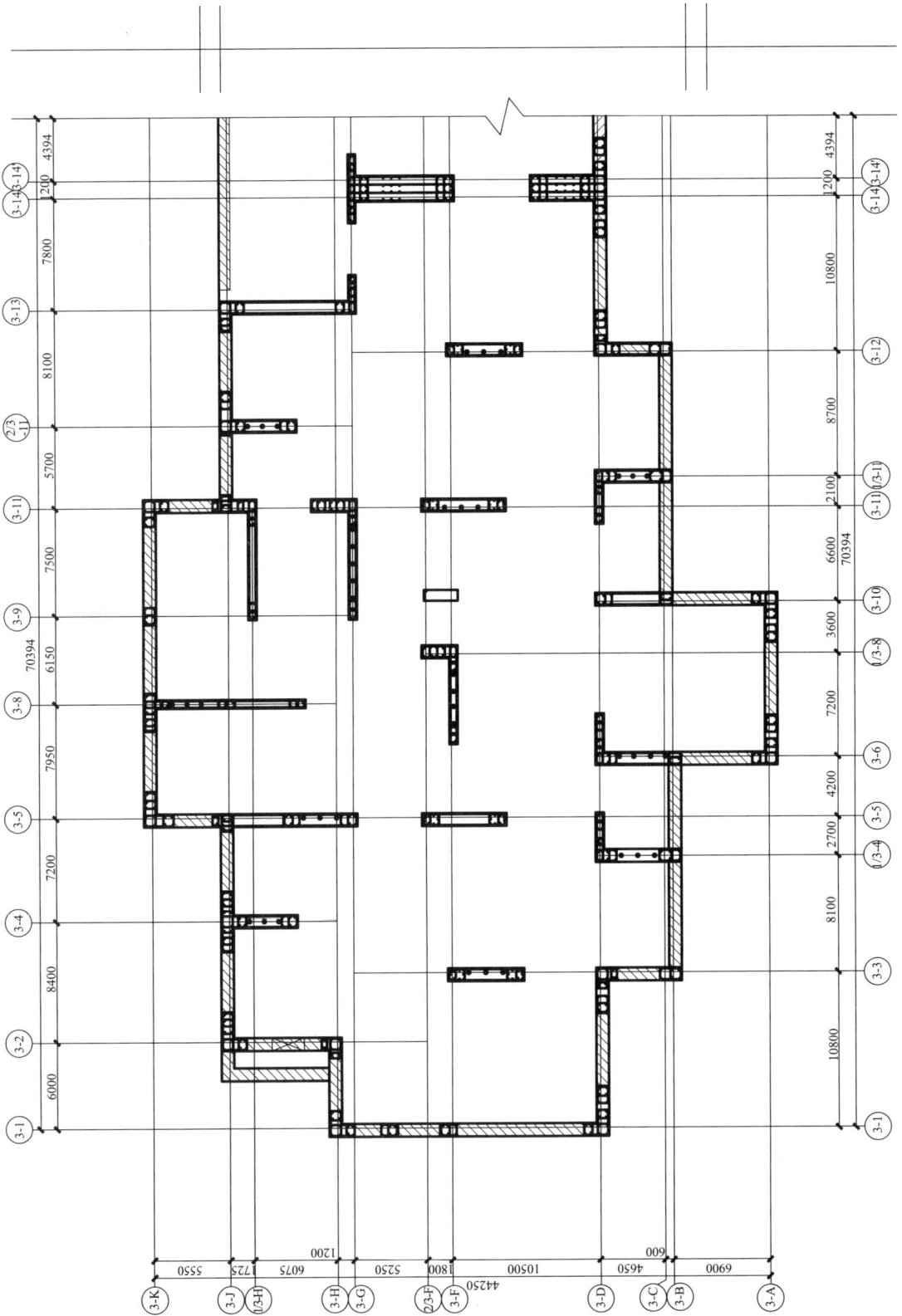

图5.1.2　3号楼标准层平面图

5.1.2　技术特点

周康航拓展基地C-04-01地块项目工程建筑结构形式为剪力墙，建筑外围护结构采用长效保温建筑预制围护体系（含外侧的工厂预制部分及内侧现浇钢筋混凝土部分），建筑物公共区域电梯厅、走道及户内阳台、厨房、卫生间区域采用预制叠合结构，楼梯段采用全预制结构。其中，1栋13层住宅采用装配整体式剪力墙结构体系。

想一想

全部或部分剪力墙采用预制墙板构件建成的装配整体式混凝土结构简称装配整体式剪力墙结构。那么，常见的预制剪力墙有哪些形式？它们各有什么特点？

知识拓展

在上海地区装配整体式剪力墙体系的应用初期，由于对预制率的要求不高，全预制剪力墙多布置在结构两侧剪力墙较为集中的山墙部位，同时辅以外挂墙板或预制叠合式剪力墙板等。

5.1.3　科技创新

1. 预制夹芯保温外墙体技术

各栋住宅楼采用基于复合保温、永久模板、构件功能高集成度设计思想的预制夹芯保温外墙体技术，在不改变建筑结构受力体系的情况下，提高建筑构件预制装配化比例，解决长期困扰传统建筑外保温、外装饰存在的诸多问题。

预制保温叠合外墙板技术加强了预制外墙模技术外墙保温功能，在预制外墙模基础上集成了外墙门窗、外墙夹芯保温，同时并未改变外墙模与建筑外墙之间的构造关系，是一种预制叠合的夹芯保温墙体技术。

预制构件内侧集成保温层，通过现场浇筑工艺形成夹芯保温构造；预制构件的使用不改变建筑物主体结构力学特性，与现行技术规范无冲突。PFC预制外墙板以及其堆放和保护如图5.1.3、图5.1.4所示。

图5.1.3　PCF预制外墙板

图5.1.4　外墙板堆放及保护

2．预制剪力墙螺栓连接技术

3号住宅楼内部剪力墙采用预制剪力墙技术，剪力墙进行分段预制，施工现场拼装组合，该施工方式具有改善现场施工工作环境、缩短主体结构施工周期、提高工作效率、节约建筑材料消耗、提高建筑工业化水平等优点，且预制剪力墙采用了上海市建工设计研究总院有限公司首创的预制剪力墙螺栓连接技术。

预制剪力墙螺栓连接技术具有连接质量可靠、操作便捷、成本低廉等优点，解决了传统的预制剪力墙钢筋套筒灌浆连接无法检测的瓶颈问题（图5.1.5、图5.1.6）。

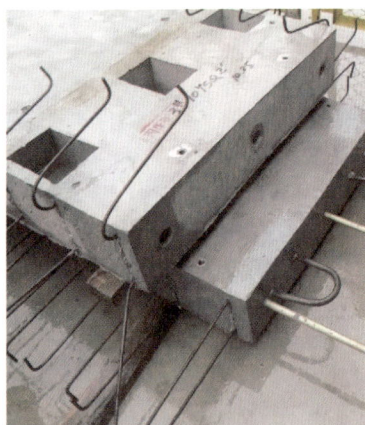

(a) 预制剪力墙预留螺栓孔

(b) 预制剪力墙螺栓

图5.1.5　预制剪力墙螺栓连接

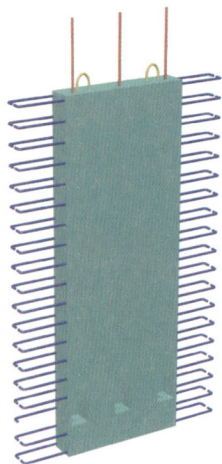

图5.1.6　3号楼预制PC剪力墙板

3. 无脚手架多功能安全防护体系

预制装配高层建筑施工无外墙模板、无外墙粉刷程序，取消了传统施工搭设外脚手架的做法，采用无脚手架的施工方式（图5.1.7）。

图5.1.7　无脚手架多功能安全防护体系

4. EBIM＋RFID技术

应用EBIM云平台对预制PC构件进行信息化管理，采用有源RFID电子芯片＋二维码（图5.1.8）的形式对构件进行全过程的定位追踪。

图5.1.8　PC构件二维码

采用有源RFID电子芯片对构件进行全过程定位追踪，通过电子芯片与互联网及云存储平台相关联，实现对全过程的生产、安装数据及图像进行采集及汇总，并通过云端控制平台对所有数据、图像进行管理和指导后续施工。

本项目BIM模型上传至EBIM云平台，通过EBIM云平台进行BIM模型现场协同应用、PC构件流程跟踪和现场工程资料与PC构件挂接查看。

项目部与PC构件厂沟通，确定本项目通过有源RFID电子芯片跟踪记录构件流程步骤，具体进程为：构件加工完成、构件入堆场、构件出堆场、构件进项目。

构件厂与项目部配备二维码打印机，构件厂派专人打印PC构件二维码。通过选择单元楼、楼层、构件类型批量打印二维码，减少了以往Excel输入构件信息、逐个打印二维码的工作。构件厂人员在PC构件两侧粘贴二维码，生产人员通过扫描二维码将芯片与构件进行关联，关联信息同步至服务器后，平台自动记录构件生产完成流程步骤。现场工作人员可通过扫描二维码查看PC构件流程信息，将施工过程信息添加到PC构件中。

此次上海市建筑设计研究总院有限公司应用EBIM云平台对PC预制构件流程进行管控，减少了管理人员对构件进度管理的精力投入，解决了构件堆场多导致的构件堆场管理困难的问题。PC预制构件具体信息和资料与图纸的查看保障了PC预制构件的准确安装，语言、话题协同表单等功能的应用提高了现场问题反馈的效率。在项目应用过程中，上海市建工设计研究总院有限公司对EBIM云平台提出合理化建议，EBIM产品也在不断完善。

周康航拓展基地C-04-01项目荣获住房和城乡建设部2016年科学技术项目计划——装配式混凝土建筑科技示范项目。该项目住宅楼采用基于复合保温、永久模板、构件功能高集成度设计思想的预制夹芯保温外墙体技术，在不改变建筑结构受力体系的情况下提高建筑构件预制装配化比例，解决了长期困扰传统建筑外保温、外装饰存在的诸多问题；3号住宅楼内部剪力墙采用预制剪力墙技术，剪力墙进行分段预制，施工现场拼装组合，具有改善现场施工环境、缩短主体结构施工周期、提高工作效率、节约建筑材料消耗、提高建筑工业化水平的优点。

5.2 沈阳南科大厦案例

5.2.1 项目简介

装配式建筑工程——
沈阳南科大厦

项目名称：沈阳南科大厦。

项目地点：沈阳市浑南新区区政府南侧约1km。所属气候区为严寒地区。

开发单位：沈阳南湖科技开发集团公司。

设计单位：中国中建设计集团有限公司（辽宁分公司）。

勘察单位：沈阳市勘察测绘研究院有限公司。

项目功能：办公楼。

沈阳南科大厦项目位于沈阳市浑南新区区政府旁，地理位置优越，总建筑面积为43939m²，屋面标高99.55m。地上建筑面积39995m²，地下建筑面积3944m²，共23层。其中，1层为大厅，2层为档案室，3层为餐厅；4～13层、15～17层、19～23层为办公区；14、18层为会议室。本工程安全等级为二级，抗震设防分类为丙类，基础设计等级为甲级，建筑物耐火等级为一级，并根据65%节能标准设计。本项目由中国中建设计集团有限公司（辽宁分公司）设计，PC构件也由该公司进行深化设计。

建筑鸟瞰图、平面图、立面图如图5.2.1～图5.2.3所示，建筑结构形式为装配式框架-剪力墙，4～22层采用PC先进技术设计与施工，结构抗震设防烈度为7度。

图5.2.1　鸟瞰图

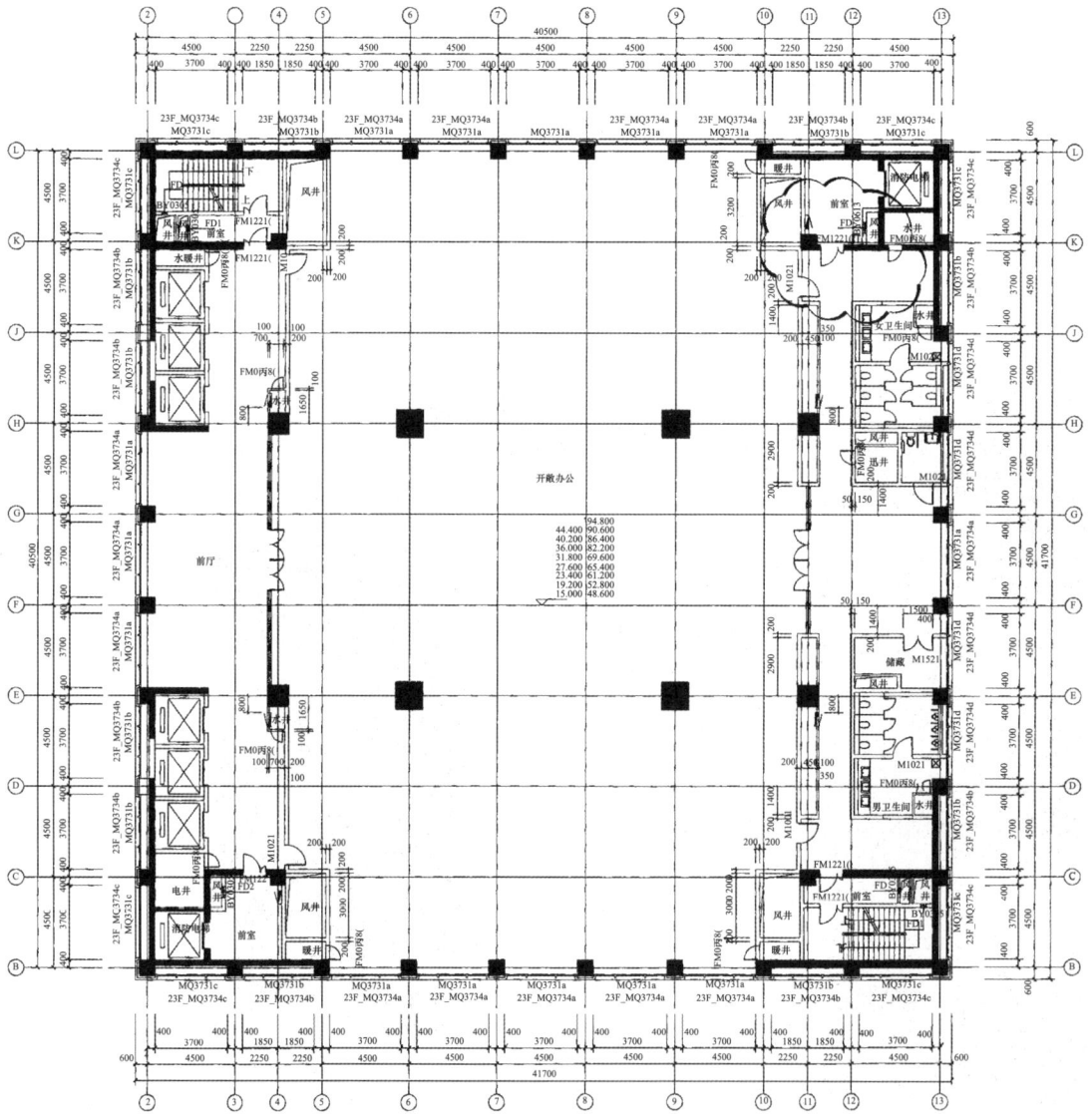

图5.2.2　平面图

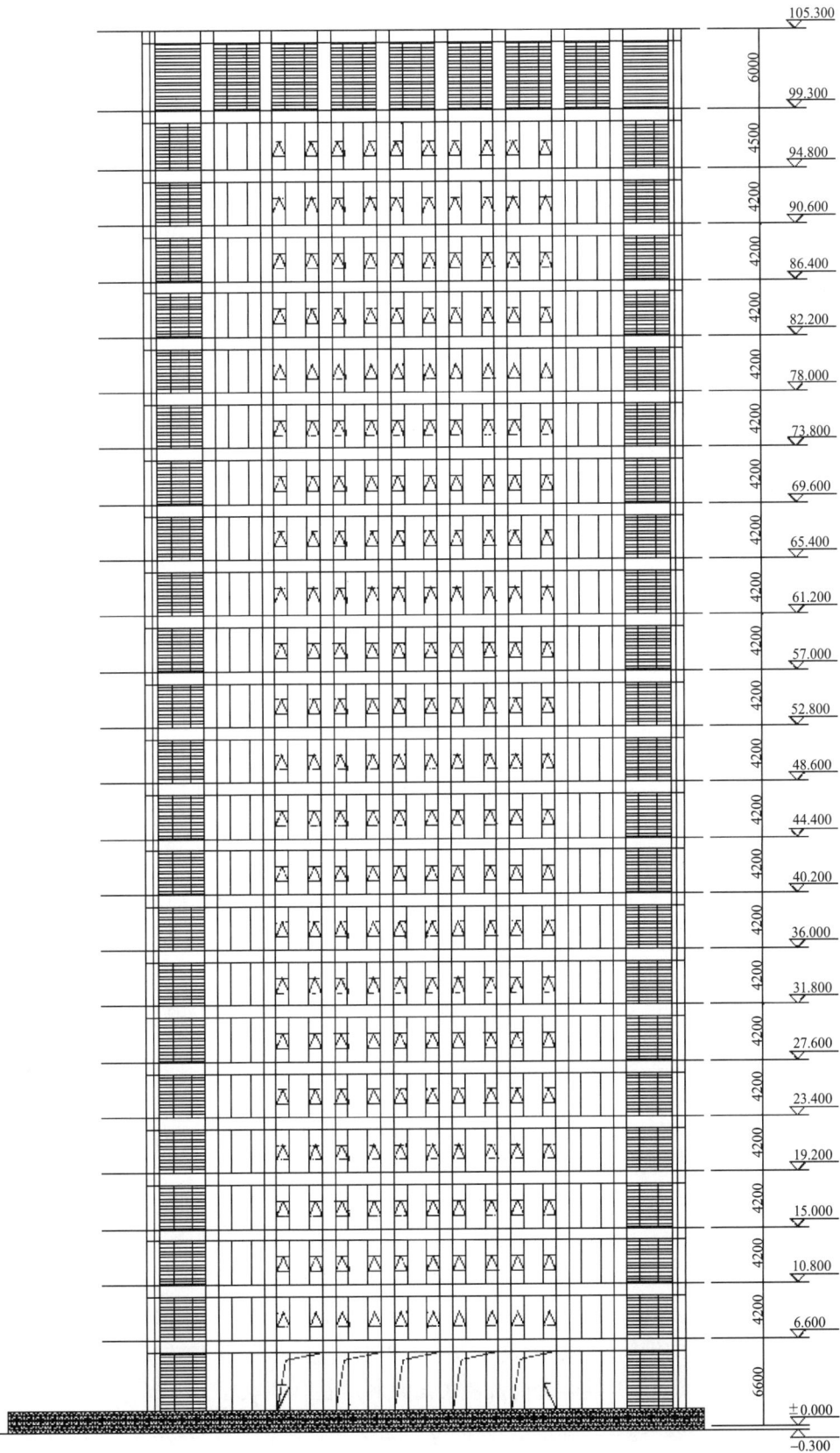

图5.2.3　立面图

5.2.2　技术特点

1. 结构形式

本项目为框架-剪力墙结构体系，采用预制钢筋混凝土墙板代替框架结构中的梁柱，外墙为单元式幕墙，外保温采用在梁、柱处贴岩棉的保温方式，楼板采用钢筋混凝土预应力装配式叠合板，框架梁采用钢筋混凝土叠合梁，框架柱采用钢筋混凝土预制框架柱，建筑标准层装配率达到57%。

预制装配式混凝土框架-剪力墙结构结合了预制装配式框架结构平面布置灵活、使用空间较大，以及预制装配式剪力墙结构侧向刚度大的优点，在多高层住宅及办公类型装配式混凝土建筑的推广中具有独特的应用优势。其中，装配整体式框架-核心筒结构作为装配整体式框架-剪力墙结构的特殊形式，多应用于高层办公楼、商业项目中。

2. 结构设计性能目标

装配整体式框架-核心筒结构设计性能目标如下：

1）在正常使用状态下，结构构件处于弹性状态。

2）在遭受低于本地区抗震设防烈度的多遇地震作用时，结构构件处于弹性状态，预制梁、柱及其连接应不受损伤。

3）在遭受相当于本地区抗震设防烈度的地震作用时，结构竖向构件处于弹性状态，水平构件可能出现部分损伤，预制梁柱节点应处于弹性状态。

4）在遭受高于本地区抗震设防烈度的罕遇地震作用时，结构不倒塌；预制梁可屈服破坏，外圈预制柱具有弹性，内部墙柱不屈服且连接不得失效，保持一定的竖向承载能力。

5）在偶然荷载情况下，应避免结构发生连续性坍塌。

3. 针对装配式混凝土建筑高度超限采用的结构处理措施

本项目建筑高度为105.3m，属于超限结构，应采取装配式混凝土建筑高度超限的结构处理措施：

1）抗震设计时，由于同一层内既有现浇墙肢、现浇柱，又有预制柱，因此，为保证抗震性能，将现浇墙肢、现浇柱、预制柱在水平地震作用下，弯矩、剪力乘以不小于1.1的增大系数。

2）上、下层相邻预制框架柱的竖向钢筋采用套筒灌浆连接，柱纵向钢筋连接应满足Ⅰ级接头要求，梁-梁及梁-柱连接处设置后浇段。

3）灌浆套筒及相关灌浆料应符合国家相关规范要求，施工过程中应采取相应措施，保证每个连接节点可靠、有效。

4）保证预制构件之间采用安全可靠的连接方式，装配整体式结构采用与现浇混凝土结构相同的方法进行结构分析。

5.2.3　科技创新

1. 设计、施工特点

本项目采用连续框架梁PC莲藕节点（图5.2.4和图5.2.5）与框架柱及剪力墙连接。连续框架梁为叠合式框架梁，在莲藕节点处，框架梁上部钢筋与莲藕节点上部钢筋采用套筒灌浆连接，然后支铝模、浇筑混凝土形成叠合梁。莲藕节点下面预留灌浆孔道，与下部柱钢筋相连；上部预制钢筋插入上面柱的底部套筒，注浆形成灌浆套筒连接。莲藕节点侧面预埋钢筋，与预制剪力墙连接。莲藕节点、PC框架预制柱、预制板等的吊装施工现场如图5.2.6～图5.2.10所示。

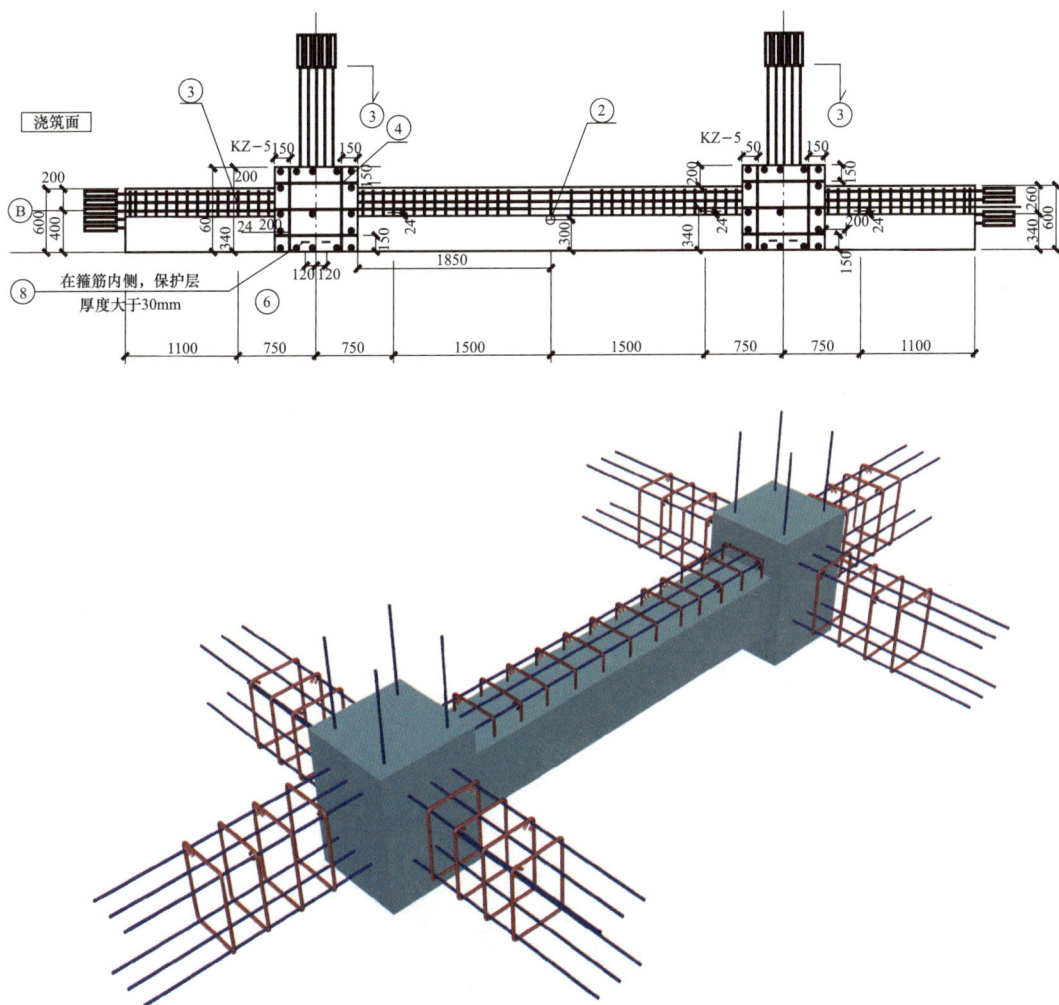

图5.2.4　连续框架梁PC莲藕梁节点

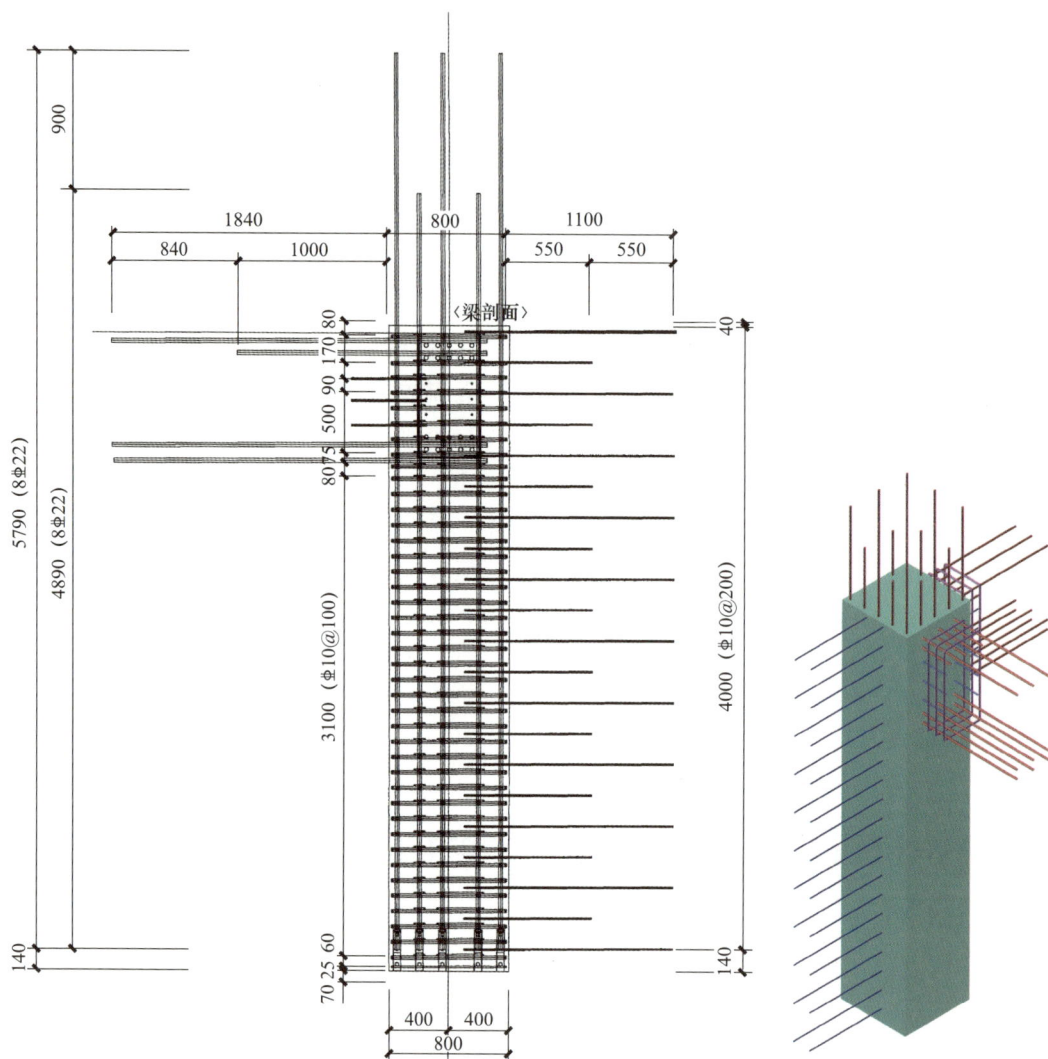

图5.2.5　PC框架柱构造

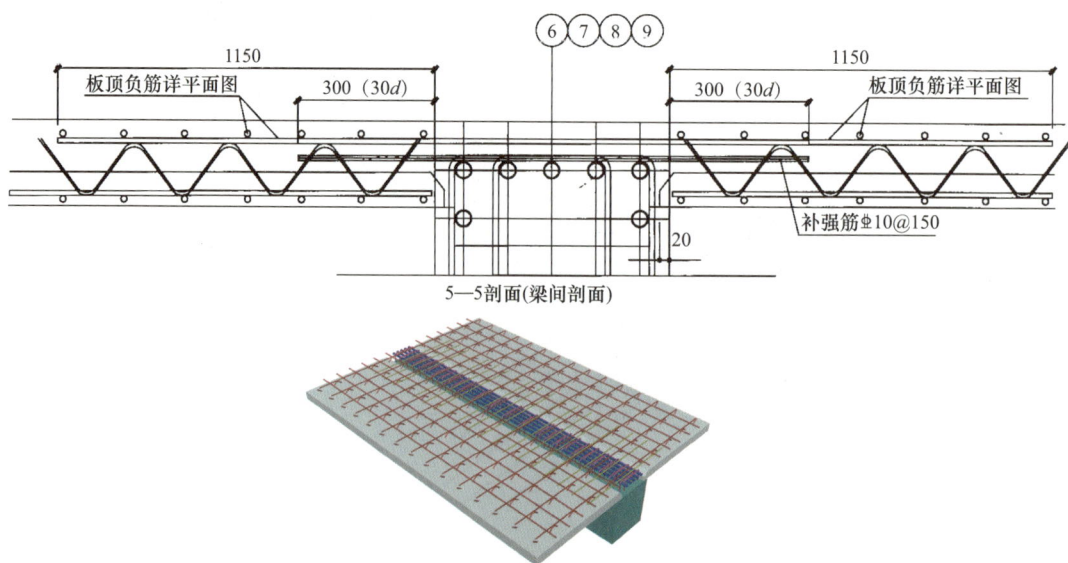

图5.2.6　叠合楼板构造

图5.2.7　预制柱节点

图5.2.8　节点施工

图5.2.9　构件吊装

图5.2.10　节点吊装

2. SI墙体与结构分离技术

本项目结构体系采用框架-剪力墙结构体系，其内装体系采用SI墙体与结构体系分离的技术，将设备管线特别是电气管线设置于架空地板和轻钢龙骨石膏板夹层之间，便于办公空间的升级改造和空间的适应性变化。

上海万科翡翠滨江项目

5.3.1 项目简介

装配式建筑工程
案例——上海万
科翡翠滨江项目

项目名称：上海万科翡翠滨江项目。

项目地点：上海市浦东新区滨江路南侧，昌邑路北侧，苗圃路西侧。

开发单位：上海中房滨江房产有限公司。

设计单位：上海天华建筑设计有限公司。

深化设计单位：上海兴邦建筑技术有限公司。

施工单位：上海建工五建集团有限公司。

生产单位：上海住总工程材料有限公司。

上海万科翡翠滨江项目位于上海内环陆家嘴金融核心区延伸段，北靠滨江路，临近黄浦江，南临昌邑路，东侧为苗圃路，地块性质为三类住宅与商业服务混合用地，项目由5栋高层住宅、3栋多层住宅、2栋配套商业用房和地下车库组成；总建筑面积$1.11 \times 10^5 \mathrm{m^2}$，其中地上部分建筑面积$8.0 \times 10^4 \mathrm{m^2}$，地下部分面积$3.1 \times 10^4 \mathrm{m^2}$。本地块由入口广场及其中轴景观空间分为东西两部分。东侧地块由4栋23层住宅楼、1栋7层多层住宅、1栋4层配套商业用房及其附属裙房组成；西侧地块由1栋26层住宅楼及2栋6层多层住宅组成。项目共1期，建设周期为2014年10月～2016年12月。图5.3.1和图5.3.2分别为项目的总平面图和鸟瞰图。

本节以9号楼为例，进行该项目的建筑工业化技术介绍。9号楼为高层，建筑面积为1.1万$\mathrm{m^2}$，预制率为16%。

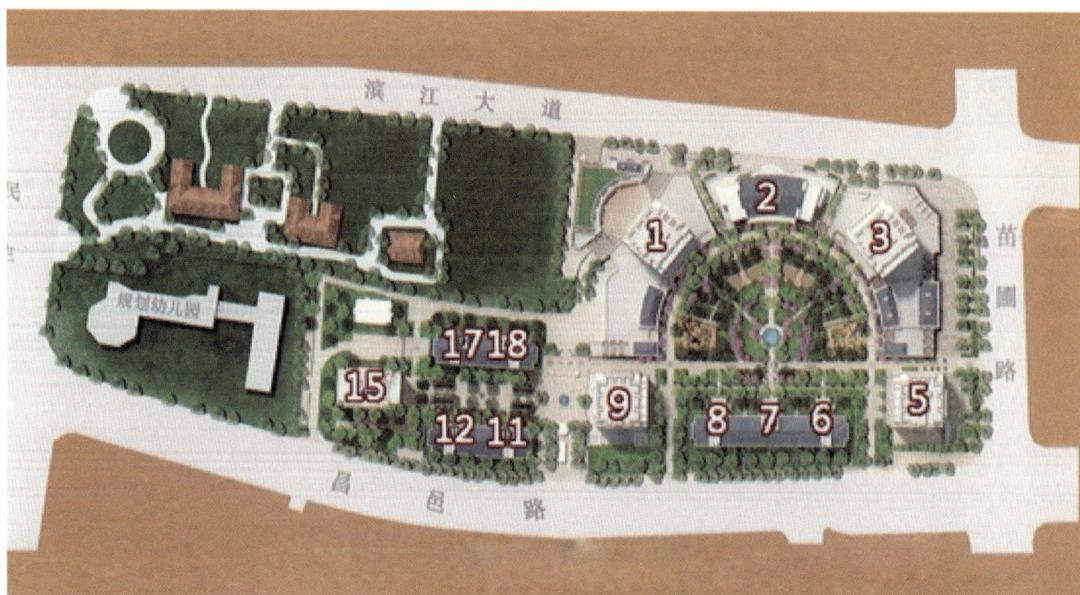

图5.3.1　总平面图

图5.3.2　鸟瞰图

5.3.2　技术特点

1. 建筑专业

该项目立面全部采用PC石材技术，预制混凝土构件主要为反打石材外墙板，外墙板由色彩柔和的葡萄牙米黄色石材、钢筋混凝土预制板及相关预埋件组成，外墙板和石材均在工厂内加工完成（图5.3.3）。

图5.3.3　效果图

工业化生产主要具有以下优点。

（1）可重复性强，生产效率高

项目各高层单体住宅标准层总数在20层左右，重复性强。预制构件在工厂工业化生产，以机械化流水作业代替传统每层重复搭设模板和绑扎钢筋的现浇方式，可大幅提高生产效率。

（2）构件生产精度高，产品质量好

现场钢筋绑扎受工人技术水平等外在因素影响较大，钢筋间距难以控制，而工厂内可通过机械自动化铺设钢筋网架，使得钢筋网架形状定位准确。现场浇筑混凝土的养护条件受天气状况影响较大，养护条件较差，容易导致混凝土构件产生收缩微裂缝，而工厂内混凝土构件养护条件多辅以蒸汽养护，产生收缩裂缝可能性低，混凝土构件抗渗性强；工厂车间一般采用平台上作业，混凝土振捣密实，基本没有气泡、蜂窝等现象。预制混凝土构件外形尺寸由定型钢模控制，精确到毫米，生产出的构件平整、精度高。

（3）石材黏结牢固，避免坠落伤人

工厂内反打的面砖石材黏结十分牢固，抗拉拔性能比现场手工铺贴提高数倍，可基本消除石材坠落隐患。

（4）防水性好

窗框一般预埋于墙体构件中，杜绝窗周渗水的问题。

反打石材外墙板施工时可作为现浇剪力墙的外模板使用，但不参与结构主体受力，可避免外墙板与主体结构的柔性连接。

图5.3.4为建筑标准层平面及预制构件布置图，图5.3.5为建筑立面图。

9号楼预制混凝土构件主要为外墙板和阳台栏板，单块预制外墙板质量不大于7t。为减轻构件自重，降低运输和吊装难度，使板块划分和塔吊选择更为自由，部分窗间构造预制混凝土外墙采用填充泡沫板等减重措施。

图5.3.6所示为典型的单块预制混凝土外墙板构造。外墙板主要由石材饰面、预制混凝土外墙板及相关连接件组成。其中，连接件主要有金属接驳器、三段式连接螺杆、板板连接件、调平垫片、脱模、吊装、支撑用预埋件等。石材饰面外墙板由米黄色石材、钢筋混凝土预制板及相关预埋件组成，并采用反打技术，在工厂内加工完成，但不参与结构主体受力。

预制外墙拼缝为防水的关键部位，采用企口自防水，上下两块外墙板设置的企口内高外低；接口20mm的缝隙塞PE棒，然后打防水密封胶，采取多道防水措施，确保外墙板拼缝的防水质量。外墙板水平拼缝防水做法如图5.3.7所示。

2. 结构专业

本项目采用"内浇外挂"结构体系，"内浇外挂"结构又称"一模三板"，内墙用大模板以混凝土浇筑，墙体内配钢筋网架；外墙挂预制混凝土复合墙板，配以构造柱和圈梁。

"内浇外挂"结构便于施工，可加快进度，提高建筑的工厂化加工，确保工程质量和在不降低抗震能力的前提下节省建设投资。

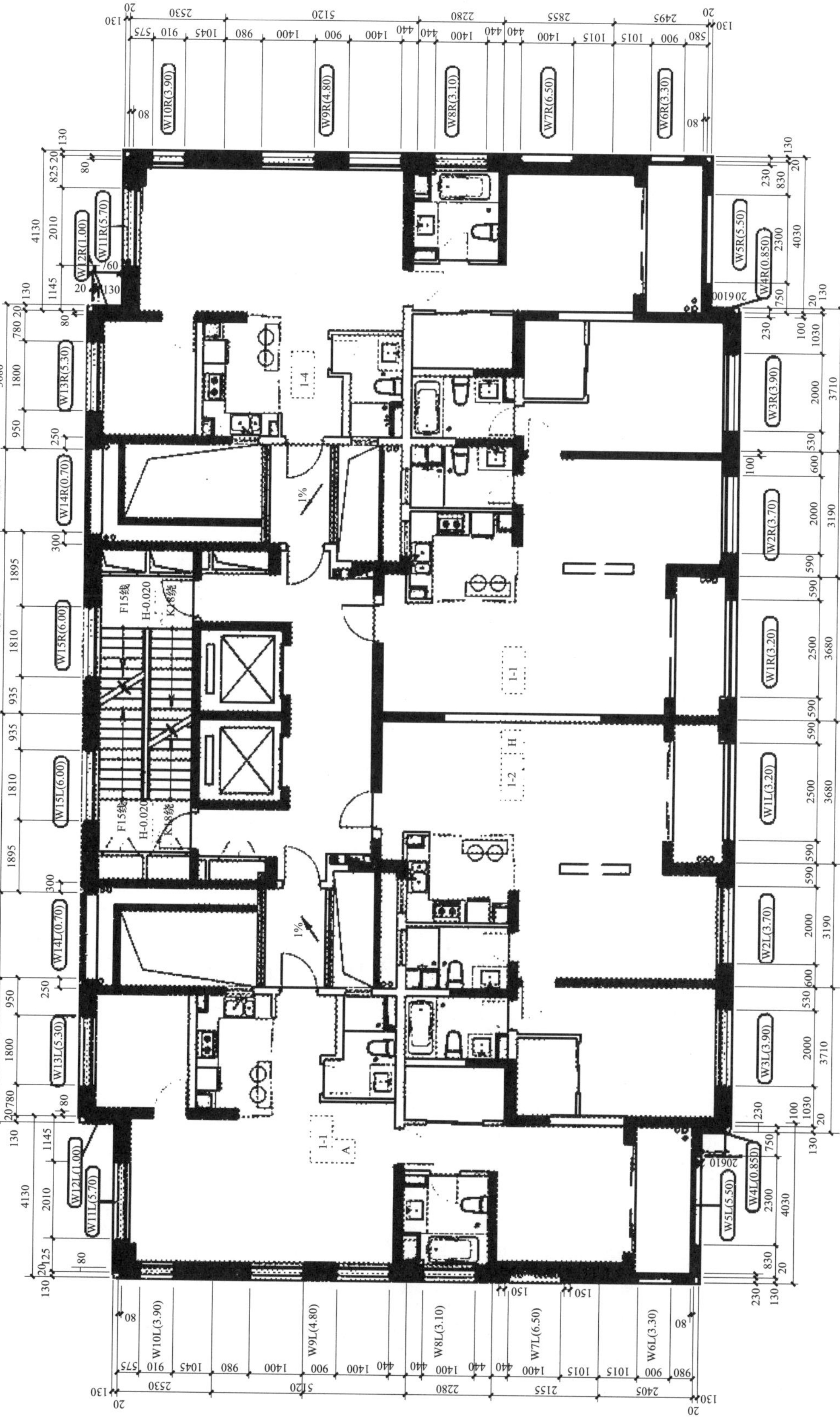

图5.3.4　建筑标准层平面及预制构件布置图

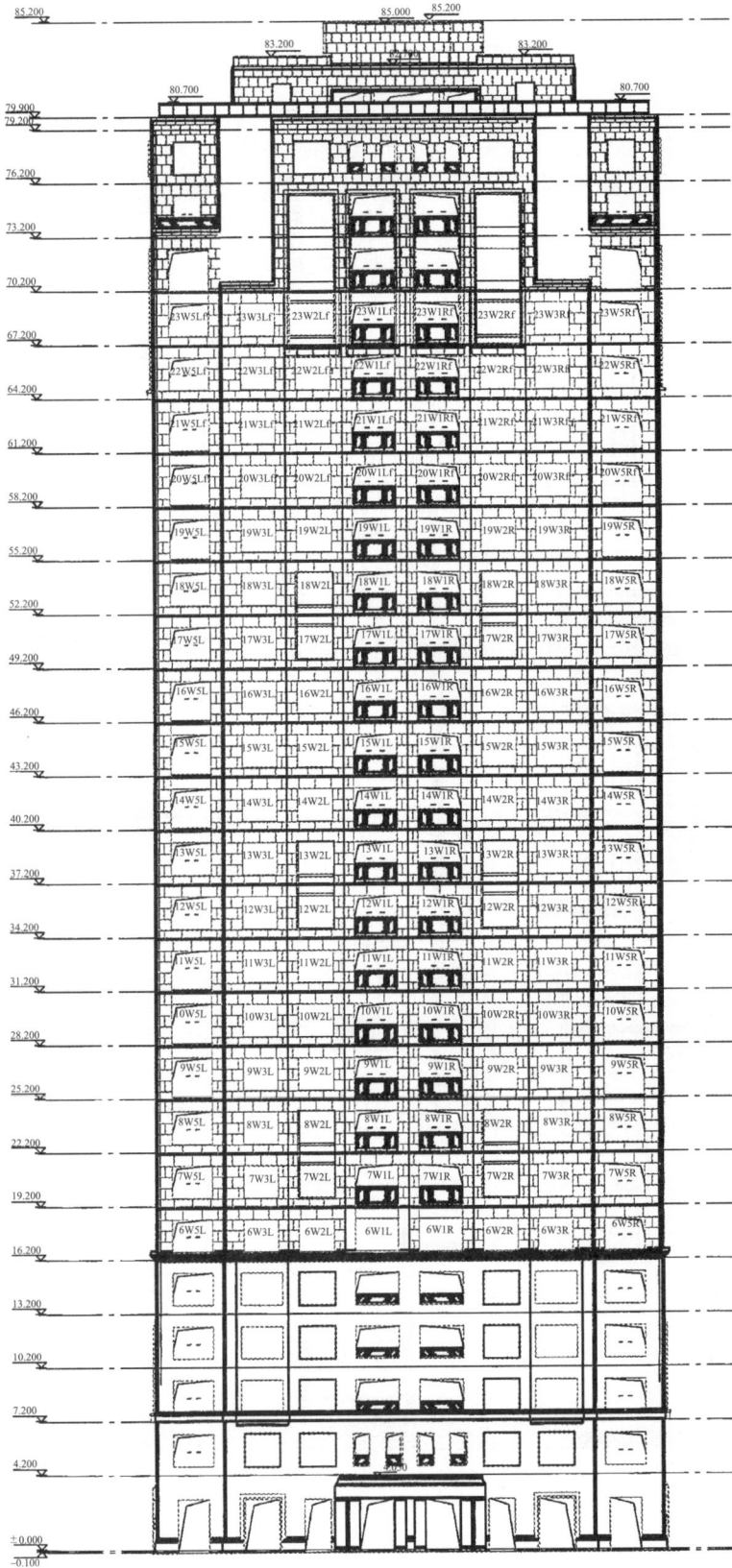

图5.3.5 建筑立面图

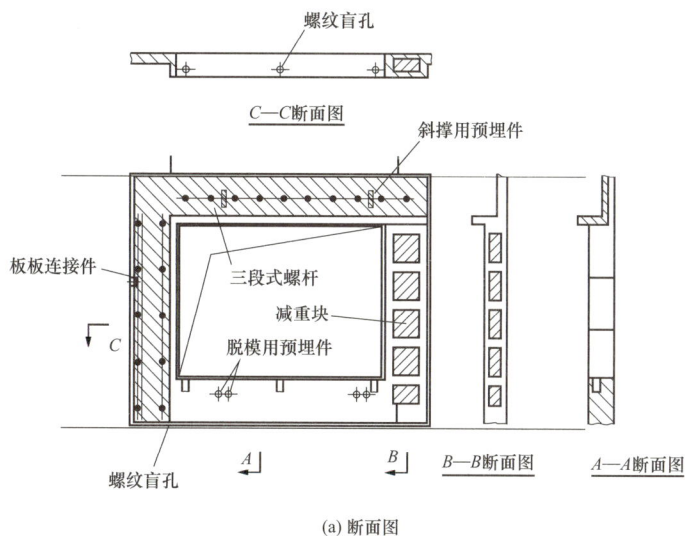

(a) 断面图

(b) 现场图

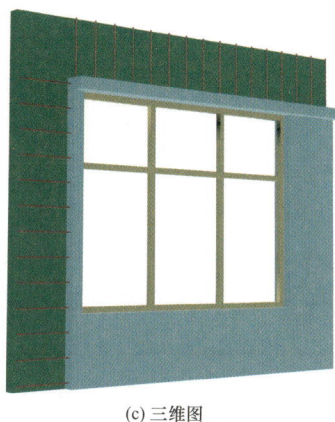

(c) 三维图

图5.3.6 单块预制外墙板构造

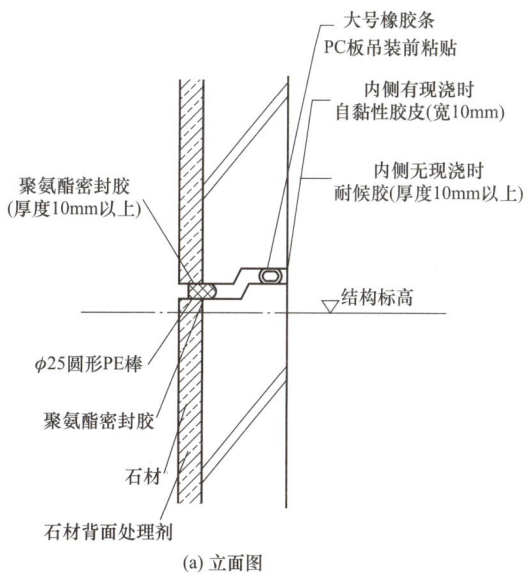

(a) 立面图

(b) 三维图

图5.3.7 外墙板水平拼缝防水做法

"内浇外挂"结构在结构内部，特别是竖向受力构件（如剪力墙、框架柱等）采用大模板现浇技术，保留了现浇混凝土结构技术成熟、结构可靠的优点，非承重的外墙板和内墙隔板采用预制的钢筋混凝土板或硅酸盐混凝土板。提高了现场机械化施工程度，减少了劳动力和消耗，减少现场的湿作业，缩短施工工期。另外，"内浇外挂"结构特别要注意外墙挂板构件断面尺寸的准确，棱角方正，运输堆放与吊装过程中严格做好产品保护，以及外挂墙板支座节点和板缝防水节点的处理，以保证结构的耐久性。

"内浇外挂"结构体系要做好以下几个方面的工作：①外墙板的预制；②外挂墙板的安装技术；③外墙防水；④合理安排施工工序。具体可参照相关施工工艺标准。

以9号楼为例，其预制率为16%，预制率计算详见表5.3.1。

表5.3.1 预制率计算参考

楼号	预制混凝土体积/m³		现浇混凝土体积/m³			混凝土总体积/m³	预制率/%
	墙板	楼梯	墙	梁、板	楼梯		
9号	840.2	0	2762	1578	69.2	5249	16

PCF板作为荷载考虑，不参与结构主体受力。为避免外墙板参与结构主体受力，在外墙板与现浇剪力墙之间预留20mm竖向拼缝，并在缝内填充柔性材料，以实现外墙板与主体结构的柔性连接。

知识拓展

高层建筑大模板结构工程"内浇外挂"结构体系施工近多年在国内应用最为广泛，这种建筑结构体系将外挂预制构件装配化与施工现场机械化施工有机、高效结合，发挥了各自的优点，从而比内、外墙全现浇结构施工减少了模板周转的工序环节，并有利于解决外墙施工的许多综合性的功能（如高层建筑结构普遍存在的北方地区外墙保温效果和南方地区的外墙隔热效果等问题），又发挥了机械化施工提高工作效率加快工期的效果。

"内浇外挂"结构体系适用于20层以下有抗震要求的高层建筑，全部横、纵墙剪力墙均用大模板现浇，而非承重的外墙板和内隔墙板则采用预制的钢筋混凝土板或硅酸盐混凝土板。

3．安装过程措施

预制混凝土构件按照结构吊装方案规定的顺序进行吊装，一般沿纵轴方向向前推进，逐层分段流水作业，每个楼层从一端开始，以减少反复施工。

预制混凝土构件吊点位置与吊点数量由构件长度、断面形状决定，在吊点处锁好卡环钢丝绳，吊装机械的钩绳与卡环相钩区用卡环卡住，吊绳应处于吊点的正上方。慢速起吊，待吊绳绷紧后暂停上升，及时检查自动卡环的可靠情况，防止自行脱扣。为避免起吊就位时来回摆动，应在预制构件下部挂好溜绳，检查各部连接情况，无误后方可起吊。

当预制混凝土构件吊起距地500mm时稍停，去掉保护预制混凝土构件垫木及支腿，经信号员指挥，将预制混凝土构件吊运到楼层就位，就位时缓慢降落到安装位置的正上方，核对预制混凝土构件的编号，由两人控制调整方位，使定位预制混凝土构件全方位吻合无误，方可落到安装位置上。定位入座完毕，架设临时支撑固定，以确保安全。

安装就位后，经垂直校正，对上下支撑抛杆进行固定，与楼面固定预埋件可靠焊接。固定后，板缝用胶布贴缝。

预制外墙板的安装过程如图5.3.8所示。

(a) 外墙板吊装

(b) 前后微调

(c) 斜支撑

(d) 竖向缝防漏浆处理

图5.3.8　预制外墙板的安装过程

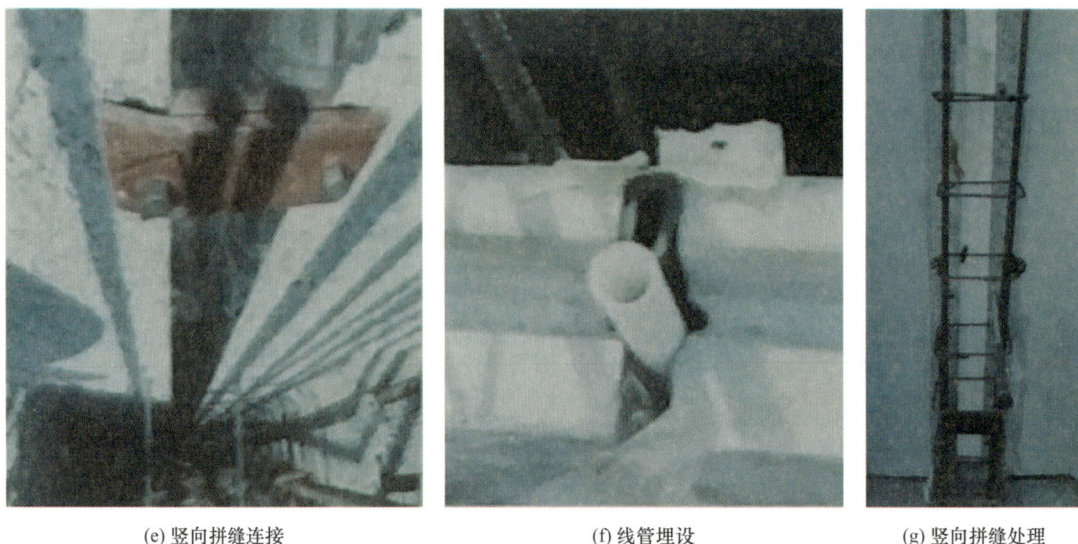

(e) 竖向拼缝连接　　　　　　　　(f) 线管埋设　　　　　　　　(g) 竖向拼缝处理

图5.3.8（续）

5.3.3　科技创新

1．石材饰面与预制混凝土外墙板的连接（预制外墙板反打石材技术）

该技术在国外应用较为广泛，但在国内较少应用。石材和混凝土无空腔，直接结合，为防止混凝土泛碱，在石材背面涂抹隔离剂。

连接设计：石材通过在背面钻孔，做金属抓钩，锚固在混凝土内。为保证石材和混凝土具有足够的锚固强度，对金属抓钩进行平行剪切、垂直剪切、正面拉拔3个方面的力学试验，试验综合数据分别为23739N、16545N、5571N。根据试验数据，对抓钩配置进行计算，得出结论：每平方米平均设置8个抓钩。同时，需考虑到抓钩双向受力，因此抓钩采用横竖交错、均匀布置方式（图5.3.9）。

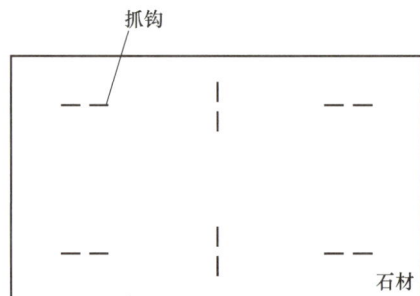

图5.3.9　石材金属抓钩布置图

本项目石材接缝大部分为5mm接缝，局部采用无缝拼接。5mm外缝采用石材胶密封，内缝为导水空腔设计。

图5.3.10为石材与外墙板连接节点，图5.3.11为外墙板与主体结构、内侧模板连接。

石材反打工艺流程如图5.3.12所示。

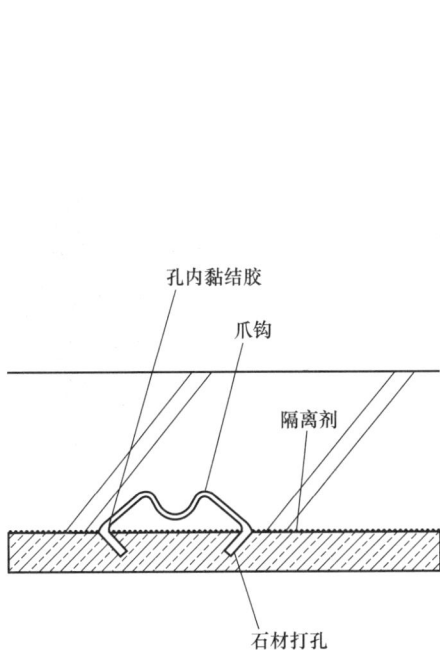

图5.3.10 石材与外墙板连接节点

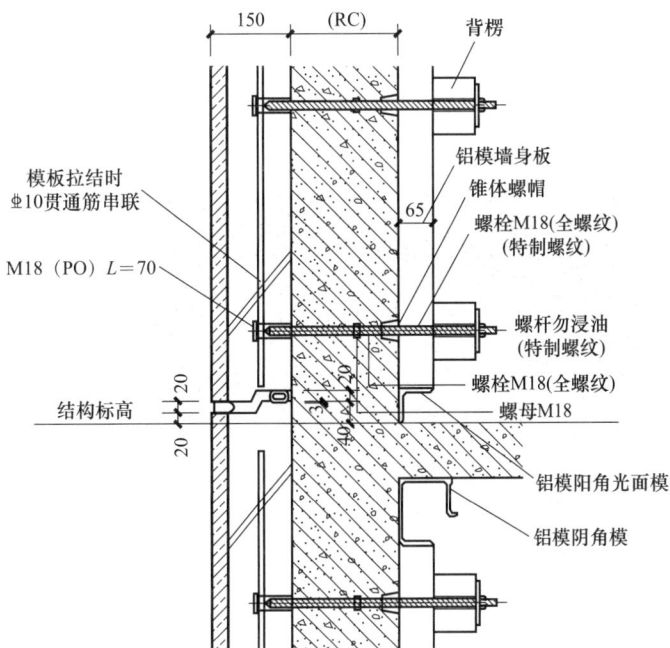

图5.3.11 外墙板与主体结构、内侧模板连接

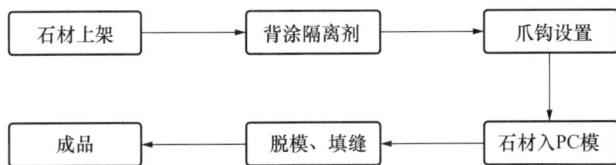

图5.3.12 石材反打工艺流程

外墙板构件从外至内依次由大理石、钢筋混凝土组成，解决了预制构件外墙二次石材外挂的问题，同时也给构件加工和施工带来新的问题。

预制构件在加工过程中，构件的吊钉、斜撑预埋件、连接件预埋件、铝模连接螺栓、管线、线盒等均在构件加工过程中预埋。预埋件的位置必须准确和稳固，偏差范围必须满足规范要求，预埋件的精准度直接影响吊装施工和铝模墙身板处的施工进度及质量。预埋件布置完成后必须加固，防止在混凝土浇筑过程中移位。

试压混凝土强度，当混凝土强度大于设计强度的70%以上时方可拆除模板，移动构件。由于墙、板为水平浇筑，需翻身竖立。可先将墙板从模位上水平吊至翻转区，在翻转区采用特殊工艺翻转竖立。墙、板脱模后应对现浇混凝土连接的部位进行凿毛处理。

在构件加工过程中，钢筋混凝土与石材隔离，以保护石材。石材切割完成运输到混凝土构件场，安装爪钩，涂抹隔离剂，贴膜。每个步骤都要防止石材被破坏。后期吊装到楼层中，在浇筑混凝土的同时，混凝土浆不能流到石材外墙上，否则会对石材的外观造成污染，且很难恢复。因此，在厂家生产预制混凝土构件后运输至现场，施工单位应采用贴膜保护。

预制构件在现场的施工工序如图5.3.13所示。

(a) 石材上架

(b) 石材背部涂抹隔离剂

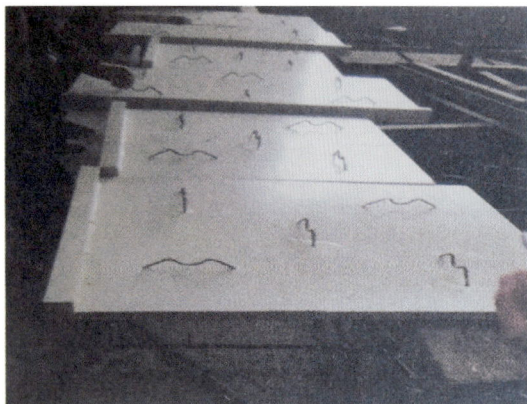

(c) 爪钩设置

(d) 石材入预制混凝土模具

图5.3.13　预制在现场的施工工序

(e) 浇筑混凝土

(f) 脱模

(g) 石材饰面涂胶填缝

(h) 预制混凝土反打石材成品

图5.3.13（续）

2. 外墙板与结构主体的连接

图5.3.11所示为外墙板与主体结构、内侧模板的连接节点。本项目中的预制外墙板较厚（150mm），本身具有较大的刚度和承载力，无须通过外露式钢筋桁架与结构主体相连，因此选择采用三段式螺杆直接对预制外墙板与结构主体和内侧模板进行拉结。三段式螺杆左端通过金属接驳器与预制外墙板的钢筋骨架连接，通过锥体螺帽与现浇主体牢固连接。在施工过程中，三段式螺杆可作为预制外墙板和内部铝板的拉结螺杆，混凝土浇筑完毕后，将外露部分切除。

3. 预制外墙板间的连接

图5.3.14和图5.3.15分别为预制外墙板的水平和竖向拼接节点。由于外墙板的厚度较大，因此增加螺纹盲孔以辅助外墙板间的水平拼接。为了保证外墙板之间具有牢固的连接，外墙板间的竖向拼缝采用连接角钢和钢垫块进行连接。

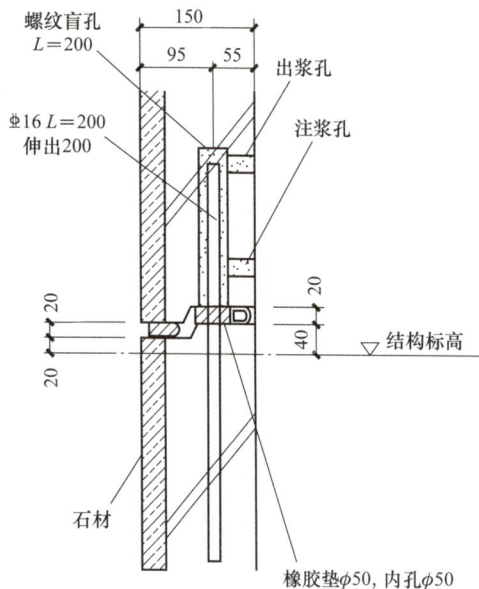

图5.3.14　外墙板水平拼接节点

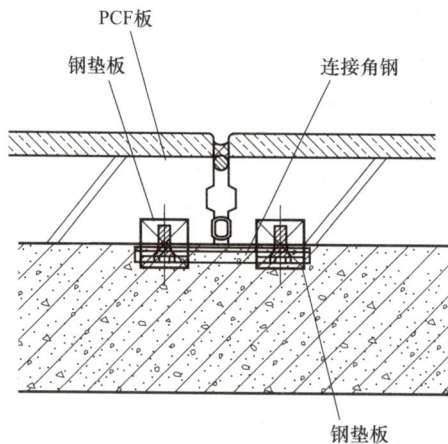

图5.3.15　外墙板竖向拼接节点

4. 定型铝模技术

　　铝合金模板体系是一种新型建筑模板体系，在国际上已经使用多年，特别是在美国，已经具有几十年的使用历程，但国内应用较少。相较于传统作业模板，其具有节材、周转率高、精度平整度高、稳定性好、现场施工垃圾少等优点。

　　项目墙面抹灰要求：1号楼9层，3号、4号、6号楼5层，9号楼6层采用预制混凝土结合铝模的施工模式，最大梁截面尺寸为250mm×600mm，最大板厚120mm，铝模总面积约1600m²。

　　铝合金模板质量小，模板之间采用快速锁销连接固定，拼接操作灵活方便；模板可重复利用，解决了木模板使用易变形的问题；拼缝少，精度高，拆模后混凝土表面平整光洁，基本上可达到饰面及清水混凝土的要求；现场施工垃圾少；支撑体系简洁，拆除方便，所以整个施工环境安全干净、整洁（图5.3.16）。

(a) 模板支撑

(b) 模板紧固拉结

图5.3.16　铝模板安装

学习参考 📖

登录www.abook.cn网站，搜索本书，下载相关学习参考资料。

🕐 本章小结

本章通过预制装配式剪力墙结构、预制装配式框架–剪力墙结构、"内浇外挂"结构的3个案例，介绍了项目的技术与施工特点，同时梳理了各个项目的科技创新点，是建筑产业现代化工程实践有特色的代表性成果。通过案例，我们总结了装配式混凝土结构的一系列技术经济优势：

1）工厂生产可实现结构构件标准化、加工制作精细化，便于工程质量管理，有助于住宅建筑质量的提高。

2）安装简便，劳动强度小，施工速度快，工程质量得到提高，可大幅度提高生产效率。

3）节省能源和原材料。建造过程中可以减少模板和支撑用量，且工厂生产构件质量有所保证，可以适当减小墙体厚度，降低配筋量。

4）现场湿作业少，环境保护效果显著。

5）能提高施工现场安全性。

6）由于墙体和楼板等构件的混凝土材料在标准化工程生产过程中已经完成了大部分的收缩，因此建成后基本不再出现收缩裂缝，结构的耐久性和适用性好，维护成本低，环境污染小。

7）经过多年的探索，新型预制装配式混凝土结构具有良好的整体性能、抗震性能和使用性能。

高层住宅、写字楼等结构采用预制装配式混凝土结构是大势所趋，可以使结构构件设计标准化、制造工业化、安装机械化，能加快施工速度，大量节约材料和模板，节能环保，实现构件拼装和结构整体性能的有机统一，是可持续发展的建筑工业化之路，实现经济效益和社会效益的双赢。

实践项目　装配式混凝土建筑工地参观

【实践目标】

1. 通过实训使学生对所学装配式混凝土建筑构造知识有直观的了解与认识，并在此基础上理论联系实际，验证、巩固、深化课堂所学的理论知识，为今后工作实践奠定基础。

2．通过学习装配式施工技术、施工管理等方面的实际知识，对装配式混凝土建筑构造与施工课程有较系统的了解，将已学的理论知识灵活运用到生产实践中去，培养独立分析和解决实际问题的工作能力。

【实践要求】

1．学习施工现场安全注意事项，注意现场安全。

1）进入施工现场应遵守安全管理规定。

2）进入施工现场必须正确佩戴安全帽（系好下颌带，确保安全帽完好），不穿宽大服装、拖鞋等进入现场。

3）不进入吊装区域、垂直作业下方等危险区域，防止物体坠落。

4）远离各种机械设备、电气线路，防止机械、电气伤害。

5）进入基坑、屋面等临边处、各种洞口处，要精力集中，防止高处坠落。

6）注意铁钉、钢筋等地面环境状况，防止扎、碰、挂及摔倒等其他伤害。

7）工作时注意方式、方法，坚决杜绝和施工人员发生肢体上的冲突。

2．掌握装配式混凝土建筑施工工艺，根据所学内容，培养举一反三的能力。

3．在实训过程中仔细听教师讲解，理论联系实际，从而加强和巩固自己的专业知识能力。

4．结合所学知识并查阅资料，完成一份实训报告。

【实践资源】

1．参观工地现场。

2．工程项目图纸。

3．安全防护设备。

【实践步骤】

1．教师介绍所参观工地情况。

2．学生在教室学习施工图纸。

3．教师进行安全教育。

4．学生进入工地听现场工程师讲解。

5．返回工地会议室，学生与工程技术人员互动。

6．教师总结。

【上交成果】

1500字左右专题报告。

习题参考答案

第1章

1. C　　2. C　　3. ABC　　4. ABD　　5. ABC　　6. A

第2章

1. D　　2. A　　3. C　　4. B　　5. D　　6. A
7. B　　8. C　　9. A　　10. B

第3章

1. C　　2. D　　3. ABDE　　4. C　　5. C　　6. D
7. BE　　8. ABCE　　9. B　　10. A　　11. B　　12. C
13. A

第4章

1. C　　2. B　　3. A　　4. D　　5. A　　6. B
7. D　　8. C　　9. D　　10. B

装配式混凝土建
筑构造课程复习
（教学视频）

参 考 文 献

北京市住房和城乡建设委员会，北京市质量技术监督局，2013．装配式混凝土结构工程施工与质量验收规程：DB11/T
  1030—2013［S］．北京：北京城建科技促进会．

郭学明，2017．装配式混凝土结构建筑的设计、制作与施工［M］．北京：机械工业出版社．

李忠富，关柯，2000．中国住宅产业化发展的步骤、途径与策略［J］．哈尔滨建筑大学学报，33（1）：19-21．

马军卫，尹万云，刘守城，等，2015．钢筋约束浆锚搭接连接的试验研究［J］．建筑结构，47（12）：106-111．

上海建工（集团）总公司，2010．装配整体式住宅混凝土构件制作、施工及质量验收规程：DG/TJ 08-2069—2010［S］．
  上海：上海建筑建材业市场管理总站．

上海市住房和城乡建设管理委员会，华东建筑集团股份有限公司，2016．上海市建筑工业化实践案例汇编［M］．北京：
  中国建筑工业出版社．

休伯特·巴赫曼，阿尔弗雷德·施坦勒，2016．预制混凝土结构［M］．李晨光，等译．北京：中国建筑工业出版社．

薛伟辰，2002．预制混凝土框架结构体系研究与应用进展［J］．工业建筑，32(11)：48-50．

尹续峰，王莉，王士风，2005．我国节能住宅建筑体系现状及发展趋势［J］．青岛理工大学学报，26（6）：34-38．

郑永峰，郭正兴，曹江，2015．新型灌浆套筒的约束机理及约束应力分布［J］．哈尔滨工业大学学报，47（12）：
  106-111．

中国城市科学研究会绿色建筑与节能专业委员会，2015．建筑工业化典型工程案例汇编［M］．北京：中国建筑工业出
  版社．

中国建筑标准设计研究院，2015．桁架钢筋混凝土叠合板（60mm厚底板）：15G366—1［S］．北京：中国计划出版社．

中华人民共和国住房和城乡建设部，2012．混凝土结构工程施工规范：GB 50666—2011［S］．北京：中国建筑工业出
  版社．

中华人民共和国住房和城乡建设部，2017．装配式混凝土建筑技术标准：GB/T 51231—2016［S］．北京：中国建筑工
  业出版社．

中华人民共和国住房和城乡建设部，2019．钢筋连接用灌浆套筒：JG/T 398—2019［S］．北京：中国标准出版社．

中华人民共和国住房和城乡建设部，2019．钢筋连接用套筒灌浆料：JG/T 408—2019［S］．北京：中国标准出版社．

住房和城乡建设部住宅产业化促进中心，2015．装配整体式混凝土结构技术导则［M］．北京：中国建筑工业出版社．

2013沪JZ—901上海市城乡建设和交通委员会装配整体式混凝土住宅构造节点图集［S］．上海：上海市建工设计研究院
  有限公司，上海市城市建设设计院．

LAWRENCE F K，ADAM S，2004．Interface shear in high strength composite T-beams［J］．PCI Journal，47（4）：
  102-110．